王军国　陈小可　著

图解
建筑工程施工质量
验收手册

（视频版）

化学工业出版社

·北京·

内 容 简 介

本书以"实用、直观"为原则，采用图解的形式对建筑工程施工质量验收工作要点进行详细讲解。本书共 12 章，主要对地基基础工程、混凝土结构工程、砌体结构工程、屋面工程、地下防水工程、钢结构工程、装饰装修工程、室内给排水工程、室外给排水工程、热水与采暖工程、电气工程、通风与空调工程等的施工质量验收要点和数据进行详细阐述。书中采用大量的实际工程现场照片，并在图中进行拉线标注指导，在图解之后对每个分项工程施工质量验收的方法和数据等内容以表格的形式进行展示，使读者对质量验收工作一看就懂、快速知道质量验收工作的操作要点和所涉及的相关数据，同时，书中附有大量现场施工视频，让读者对质量验收工作有更直观的理解和感受。

本书可作为建筑工程现场施工技术人员、质量检查人员、监理和建设单位现场工作人员的参考用书，也可作为企业培训和建筑工程相关专业大中专院校师生的参考资料。

图书在版编目（CIP）数据

图解建筑工程施工质量验收手册：视频版/王军国，陈小可著. —北京：化学工业出版社，2023.8（2025.5重印）

ISBN 978-7-122-43469-2

Ⅰ.①图… Ⅱ.①王… ②陈… Ⅲ.①建筑工程-工程质量-工程验收-手册　Ⅳ.①TU712-62

中国国家版本馆 CIP 数据核字（2023）第 085311 号

责任编辑：彭明兰　　　　　　　　　　文字编辑：李旺鹏
责任校对：张茜越　　　　　　　　　　装帧设计：史利平

出版发行：化学工业出版社（北京市东城区青年湖南街 13 号　邮政编码 100011）
印　　装：北京云浩印刷有限责任公司
787mm×1092mm　1/16　印张 17¾　字数 441 千字　2025 年 5 月北京第 1 版第 3 次印刷

购书咨询：010-64518888　　　　　　　　售后服务：010-64518899
网　　址：http://www.cip.com.cn
凡购买本书，如有缺损质量问题，本社销售中心负责调换。

定　　价：78.00 元

前言

我国建筑业发展迅速，现已成为国民经济支柱产业之一。近几年随着新材料的不断研发，施工工艺的不断进步，人们对建筑物的期待不仅停留于其外观效果和空间布局，而是对其从内而外的表现都有了更高的要求。其中，处于生产前端的施工质量问题，就越发得到重视，受到行业及社会各群体的普遍关注。

施工质量验收工作的有效执行是保证施工质量的必要手段。但建筑工程分项工程众多，对应的施工质量验收规范也多，条款繁复庞杂，这给现场工作带来了不小的难度。为帮助建筑工程现场人员快速掌握施工质量验收工作要点，本书从以下两方面出发进行了精心编排。

首先是知识性的考虑。本书的内容十分丰富，全书分十二章，包括地基基础工程、混凝土结构工程、砌体结构工程、屋面工程、地下防水工程、钢结构工程、装饰装修工程、室内给排水工程、室外给排水工程、热水与采暖工程、电气工程、通风与空调工程等十二大分项工程，依据十余本质量验收规范，囊括了建筑工程施工全流程，对施工质量验收工作要点进行了系统、全面的讲解。

其次是实用性的考虑。为了达到实用、好用的目的，本书对编排形式进行了精心构思，其特点可概括如下：

（1）提供大量图片，对建筑工程施工质量验收现场工作进行了直观的展现。

（2）对重点内容，直接在图中拉线标注指导，便于读者加深印象。

（3）以表格形式对施工质量验收方法和相关数据进行整合，简练概括。

（4）一个标题对应一个可操作的施工质量验收细节，检索方便。

（5）配有现场施工视频讲解，让读者身临其境，直面现场。

本书通过上述全方面、多维度的编排考虑，一方面对十余本质量验收规范进行了详细剖析，另一方面提高了可读性，直观、简单、可参考，力求让读者对建筑工程施工质量验收工作一看就懂，快速掌握操作要点和验收数据。

本书在编写过程中参考了有关文献和一些项目施工管理的经验性文件，并且得到了许多专家和相关单位的关心与大力支持，在此表示衷心感谢。

由于编写时间和水平有限，尽管编者尽心尽力，反复推敲核实，但难免有疏漏及不妥之处，恳请广大读者批评指正，以便做进一步的修改和完善。

目录

第一章

地基基础工程施工质量验收

第一节　地基工程

一、素土、灰土地基

1. 施工现场图

灰土地基施工现场如图 1-1 所示。

一般项目质量验收
　　（1）施工前应检查素土、灰土土料、石灰或水泥等的配合比及灰土的拌和均匀性。
　　（2）施工结束后，应进行地基承载力检验。

图 1-1　灰土地基施工现场

2. 重点项目质量验收

（1）施工中应检查分层铺设的厚度（图 1-2）、夯实时的加水量、夯压遍数及压实系数。

图 1-2　分层铺土厚度质量检验

（2）素土、灰土地基质量检验标准应符合表 1-1 的规定。

表 1-1 素土、灰土地基质量检验标准

检查项目	允许值或允许偏差		检查方法
	单位	数值	
地基承载力	不小于设计值		静载试验
配合比	设计值		检查拌和时的体积比
压实系数	不小于设计值		环刀法
石灰粒径	mm	≤5	筛析法
土料有机质含量	%	≤5	灼烧减量法
土颗粒粒径	mm	≤15	筛析法
含水量	最优含水量±2%		烘干法
分层厚度	mm	±50	水准测量

二、砂和砂石地基

1. 施工现场图

砂和砂石地基施工现场如图 1-3 所示。

一般项目质量验收
（1）施工前应检查砂、石等原材料质量和配合比及砂、石拌和的均匀性。
（2）施工结束后，应进行地基承载力检验。

图 1-3 砂和砂石地基施工现场

2. 重点项目质量验收

（1）施工中应检查分层厚度、分段施工时搭接部分的压实情况、加水量、压实遍数、压实系数。砂和砂石地基压实施工如图 1-4 所示。

图 1-4 砂和砂石地基压实施工

（2）砂和砂石地基的质量检验标准应符合表 1-2 的规定。

表 1-2　砂和砂石地基质量检验标准

检查项目	允许值或允许偏差		检查方法
	单位	数值	
地基承载力	不小于设计值		静载试验
配合比	设计值		检查拌和时的体积比或重量比
压实系数	不小于设计值		灌砂法、灌水法
砂石料有机质含量	%	≤5	灼烧减量法
砂石料含泥量	%	≤5	水洗法
砂石料粒径	mm	≤50	筛析法
分层厚度	mm	±50	水准测量

三、土工合成材料地基

1. 施工现场图

土工合成材料地基施工现场如图 1-5 所示。

一般项目质量验收
（1）施工前应检查土工合成材料的单位面积质量、厚度、相对密度、强度、延伸率以及土、砂石料质量等。土工合成材料以100m²为一批，每批应抽查5%。
（2）施工结束后，应进行地基承载力检验。

图 1-5　土工合成材料地基施工现场

2. 重点项目质量验收

（1）施工中应检查基槽清底状况、回填料铺设厚度及平整度、土工合成材料的铺设方向、接缝搭接长度或缝接状况、土工合成材料与结构的连接状况等。基槽清底现场如图 1-6 所示。

（2）土工合成材料地基质量检验标准应符合表 1-3 的规定。

扫码看视频

基槽清底

图 1-6　基槽清底现场

表 1-3　土工合成材料地基质量检验标准

检查项目	允许值或允许偏差		检查方法
	单位	数值	
地基承载力	不小于设计值		静载试验
土工合成材料强度	%	≥−5	拉伸试验（结果与设计值相比）
土工合成材料延伸率	%	≥−3	拉伸试验（结果与设计值相比）
土工合成材料搭接长度	mm	≥300	用钢尺量
土石料有机质含量	%	≤5	灼烧减量法
层面平整度	mm	±20	用 2m 靠尺
分层厚度	mm	±25	水准测量

四、粉煤灰地基

1. 施工现场图

粉煤灰地基施工现场如图 1-7 所示。

一般项目质量验收
(1) 施工前应检查粉煤灰材料质量。
(2) 施工结束后，应进行承载力检验。

图 1-7　粉煤灰地基施工现场

2. 重点项目质量验收

（1）施工中应检查分层厚度、碾压遍数、施工含水量控制、搭接区碾压程度、压实系数等。粉煤灰地基碾压现场如图 1-8 所示。

图 1-8　粉煤灰地基碾压现场

（2）粉煤灰地基质量检验标准应符合表 1-4 的规定。

表 1-4　粉煤灰地基质量检验标准

检查项目	允许值或允许偏差		检查方法
	单位	数值	
地基承载力	不小于设计值		静载试验
压实系数	不小于设计值		环刀法
粉煤灰粒径	mm	0.001～2.0	筛析法、密度计法
氧化铝及二氧化硅含量	%	≥70	试验室试验
烧失量	%	≤12	灼烧减量法
分层厚度	mm	±50	水准测量
含水量	最优含水量±4%		烘干法

五、强夯地基

1. 施工现场图

强夯地基施工现场如图 1-9 所示。

一般项目质量验收
(1) 施工前应检查夯锤质量和尺寸、落距控制方法、排水设施及被夯地基的土质。
(2) 施工结束后，应进行地基承载力、地基土的强度、变形指标及其他设计要求指标检验。

图 1-9　强夯地基施工现场

2. 重点项目质量验收

(1) 施工中应检查夯锤落距、夯点位置（图 1-10）、夯击范围、夯击击数、夯击遍数、每击夯沉量、最后两击的平均夯沉量、总夯沉量和夯点施工起止时间等。

图 1-10　夯点位置现场检查

(2) 强夯地基质量检验标准应符合表 1-5 的规定。

表 1-5　强夯地基质量检验标准

检查项目	允许值或允许偏差		检查方法
	单位	数值	
地基承载力	不小于设计值		静载试验
处理后地基土的强度	不小于设计值		原位测试
变形指标	设计值		原位测试
夯锤落距	mm	±300	钢索设标志
夯锤质量	kg	±100	称重
夯击遍数	不小于设计值		计数法
夯击顺序	设计要求		检查施工记录
夯击击数	不小于设计值		计数法
夯点位置	mm	±500	用钢尺量
夯击范围(超出基础范围距离)	设计要求		用钢尺量
前后两遍间隙时间	设计值		检查施工记录
最后两击平均夯沉量	设计值		水准测量
场地平整度	mm	±100	水准测量

六、注浆地基

1. 施工现场图

注浆地基施工现场如图 1-11 所示。

> **一般项目质量验收**
> （1）施工前应检查注浆点位置、浆液配比、浆液组成材料的性能及注浆设备性能。
> （2）施工结束后，应进行地基承载力、地基土强度和变形指标检验。

图 1-11　注浆地基施工现场

2. 重点项目质量验收

（1）施工中应抽查浆液的配比及主要性能指标、注浆的顺序及注浆过程中的压力控制（图 1-12）等。

图 1-12　注浆过程中的压力控制

（2）注浆地基的质量检验标准应符合表 1-6 的规定。

表 1-6　注浆地基质量检验标准

检查项目	允许值或允许偏差		检查方法
	单位	数值	
地基承载力	不小于设计值		静载试验
处理后地基土的强度	不小于设计值		原位测试
变形指标	设计值		原位测试
注浆材料称量	%	±3	称重
注浆孔位	mm	±50	用钢尺量
注浆孔深	mm	±100	量测注浆管长度
注浆压力	%	±10	检查压力表读数

七、预压地基

1. 施工现场图

预压地基施工现场如图 1-13 所示。

一般项目质量验收
（1）施工前应检查施工监测措施和监测初始数据、排水设施和竖向排水体等。
（2）施工结束后，应进行地基承载力与地基土强度和变形指标检验。

图 1-13　预压地基施工现场

2. 重点项目质量验收

（1）施工中应检查堆载高度、变形速率，真空预压施工时应检查密封膜的密封性能（图 1-14）、真空表读数等。

图 1-14　密封膜的密封性能检验

（2）预压地基质量检验标准应符合表 1-7 的规定。

表 1-7　预压地基质量检验标准

检查项目	允许值或允许偏差		检查方法
	单位	数值	
地基承载力	不小于设计值		静载试验
处理后地基土的强度	不小于设计值		原位测试
变形指标	设计值		原位测试
预压荷载（真空度）	%	≥-2	高度测量（压力表）
固结度	%	≥-2	原位测试（与设计要求比）
沉降速率	%	±10	水准测量（与控制值比）
水平位移	%	±10	用测斜仪、全站仪测量
竖向排水体位置	mm	≤100	用钢尺量
竖向排水体插入深度	mm	+200 0	经纬仪测量
插入塑料排水带时的回带长度	mm	≤500	用钢尺量
竖向排水体高出砂垫层距离	mm	≥100	用钢尺量
插入塑料排水带的回带根数	%	<5	统计法
砂垫层材料的含泥量	%	≤5	水洗法

八、砂石桩复合地基

1. 施工现场图

砂石桩复合地基施工现场如图 1-15 所示。

一般项目质量验收
（1）施工前应检查砂石料的含泥量及有机质含量等。振冲法施工前应检查振冲器的性能，应对电流表、电压表进行检定或校准。
（2）施工结束后，应进行复合地基承载力、桩体密实度等检验。

图 1-15　砂石桩复合地基施工现场

2. 重点项目质量验收

（1）施工中应检查每根砂石桩的桩位、填料量、标高、垂直度（图 1-16）等。振冲法施工中还应检查密实电流、供水压力、供水量、填料量、留振时间、振冲点位置、振冲器施工参数等。

图 1-16　桩体垂直度现场检查

（2）砂石桩复合地基质量检验标准应符合表 1-8 的规定。

表 1-8　砂石桩复合地基质量检验标准

检查项目	允许值或允许偏差		检查方法
	单位	数值	
复合地基承载力	不小于设计值		静载试验
桩体密实度	不小于设计值		重型动力触探
填料量	％	≥−5	实际用料量与计算填料量体积比
孔深	不小于设计值		测钻杆长度或用测绳
填料的含泥量	％	＜5	水洗法
填料的有机质含量	％	≤5	灼烧减量法
填料粒径	设计要求		筛析法
桩间土强度	不小于设计值		标准贯入试验
桩位	mm	≤0.3D	全站仪或用钢尺量
桩顶标高	不小于设计值		水准测量，将顶部预留的松散桩体挖除后测量
密实电流	设计值		查看电流表
留振时间	设计值		用表计时
褥垫层夯填度	≤0.9		水准测量

注：D 为设计桩径（mm）。

九、高压喷射注浆复合地基

1. 施工现场图

高压喷射注浆复合地基施工现场如图 1-17 所示。

一般项目质量验收
　(1) 施工前应检验水泥、外掺剂等的质量，桩位，浆液配比，高压喷射设备的性能等，并应对压力表、流量表进行检定或校准。
　(2) 施工结束后，应检验桩体的强度和平均直径，以及单桩与复合地基的承载力等。

图 1-17　高压喷射注浆复合地基施工现场

2. 重点项目质量验收

(1) 施工中应检查压力、水泥浆量、提升速度（图 1-18）、旋转速度等施工参数及施工程序。

注浆

图 1-18　提升速度现场检查

(2) 高压喷射注浆复合地基质量检验标准应符合表 1-9 的规定。

表 1-9　高压喷射注浆复合地基质量检验标准

检查项目	允许值或允许偏差		检查方法
	单位	数值	
复合地基承载力	不小于设计值		静载试验
单桩承载力	不小于设计值		静载试验
水泥用量	不小于设计值		查看流量表
桩长	不小于设计值		测钻杆长度
桩身强度	不小于设计值		28d 试块强度或钻芯法
水胶比	设计值		实际用水量与水泥等胶凝材料的重量比
钻孔位置	mm	≤50	用钢尺量
钻孔垂直度	≤1/100		经纬仪测钻杆
桩位	mm	≤0.2D	开挖后桩顶下 500mm 处用钢尺量
桩径	mm	≥−50	用钢尺量

检查项目	允许值或允许偏差		检查方法
	单位	数值	
桩顶标高	不小于设计值		水准测量，最上部500mm浮浆层及劣质桩体不计入
喷射压力	设计值		检查压力表读数
提升速度	设计值		测机头上升距离及时间
旋转速度	设计值		现场测定
褥垫层夯填度	≤0.9		水准测量

注：D 为设计桩径（mm）。

十、水泥土搅拌桩复合地基

1. 施工现场图

水泥土搅拌桩复合地基施工现场如图1-19所示。

2. 重点项目质量验收

（1）施工中应检查机头提升速度、水泥浆或水泥注入量、搅拌桩的长度及标高（图1-20）。

> **一般项目质量验收**
> （1）施工前应检查水泥及外掺剂的质量、桩位、搅拌机工作性能，并应对各种计量设备进行检定或校准。
> （2）施工结束后，应检验桩体的强度和直径，以及单桩与复合地基的承载力。

图1-19　水泥土搅拌桩复合地基施工现场　　　　图1-20　搅拌桩标高检查

（2）水泥土搅拌桩地基质量检验标准应符合表1-10的规定。

表1-10　水泥土搅拌桩地基质量检验标准

检查项目	允许值或允许偏差		检查方法
	单位	数值	
复合地基承载力	不小于设计值		静载试验
单桩承载力	不小于设计值		静载试验
水泥用量	不小于设计值		查看流量表
搅拌叶回转直径	mm	±20	用钢尺量
桩长	不小于设计值		测钻杆长度
桩身强度	不小于设计值		28d试块强度或钻芯法
水胶比	设计值		实际用水量与水泥等胶凝材料的重量比
提升速度	设计值		测机头上升距离及时间
下沉速度	设计值		测机头下沉距离及时间
桩位	条基边桩沿轴线	≤1/4D	全站仪或用钢尺量
	垂直轴线	≤1/6D	
	其他情况	≤2/5D	

续表

检查项目	允许值或允许偏差		检查方法
	单位	数值	
桩顶标高	mm	±200	水准测量，最上部500mm浮浆层及劣质桩体不计入
导向架垂直度	≤1/150		经纬仪测量
褥垫层夯填度	≤0.9		水准测量

注：D 为设计桩径（mm）。

十一、土和灰土挤密桩复合地基

1. 施工现场图

土和灰土挤密桩复合地基施工现场如图 1-21 所示。

一般项目质量验收
（1）施工前应对石灰及土的质量、桩位等进行检查。
（2）施工结束后，应检验成桩的质量及复合地基承载力。

图 1-21 土和灰土挤密桩复合地基施工现场

2. 重点项目质量验收

（1）施工中应对桩孔直径、桩孔深度（图 1-22）、夯击次数、填料的含水量及压实系数等进行检查。

（2）土和灰土挤密桩复合地基质量检验标准应符合表 1-11 的规定。

十二、水泥粉煤灰碎石桩复合地基

1. 施工现场图

水泥粉煤灰碎石桩复合地基施工现场如图 1-23 所示。

图 1-22 桩孔深度现场检验

表 1-11 土和灰土挤密桩复合地基质量检验标准

检查项目	允许值或允许偏差		检查方法
	单位	数值	
复合地基承载力	不小于设计值		静载试验
桩体填料平均压实系数	≥0.97		环刀法
桩长	不小于设计值		测桩管长度或用测绳测孔深
土料有机质含量	≤5%		灼烧减量法
含水量	最优含水量±2%		烘干法

检查项目	允许值或允许偏差		检查方法
	单位	数值	
石灰粒径	mm	≤5	筛析法
桩位	条基边桩沿轴线	≤1/4D	全站仪或用钢尺量
	垂直轴线	≤1/6D	
	其他情况	≤2/5D	
桩顶标高	mm	±200	水准测量，最上部500mm浮浆层及劣质桩体不计入
垂直度	≤1/100		经纬仪测桩管
砂、碎石褥垫层夯填度	≤0.9		水准测量
灰土垫层压实系数	≥0.95		环刀法

注：D为设计桩径（mm）。

一般项目质量验收
（1）施工前应对入场的水泥、粉煤灰、砂及碎石等原材料进行检验。
（2）施工中应检查桩身混合料的配合比、坍落度和成孔深度、混合料充盈系数等。

图 1-23　水泥粉煤灰碎石桩复合地基施工现场

2. 重点项目质量验收

（1）施工结束后，应对桩体质量（图1-24）、单桩及复合地基承载力进行检验。

图 1-24　桩体质量检查

（2）水泥粉煤灰碎石桩复合地基的质量检验标准应符合表1-12的规定。

表 1-12　水泥粉煤灰碎石桩复合地基质量检验标准

检查项目	允许值或允许偏差		检查方法
	单位	数值	
复合地基承载力	不小于设计值		静载试验
单桩承载力	不小于设计值		静载试验

续表

检查项目	允许值或允许偏差		检查方法
	单位	数值	
桩长	不小于设计值		测桩管长度或用测绳测孔深
桩径	mm	$+50$ 0	用钢尺量
桩身完整性	—		低应变检测
桩身强度	不小于设计要求		28d 试块强度
桩位	条基边桩沿轴线	$\leqslant 1/4D$	全站仪或用钢尺量
	垂直轴线	$\leqslant 1/6D$	
	其他情况	$\leqslant 2/5D$	
桩顶标高	mm	± 200	水准测量,最上部 500mm 浮浆层及劣质桩体不计入
桩垂直度	$\leqslant 1/100$		经纬仪测桩管
混合料坍落度	mm	$160\sim 220$	坍落度仪
混合料充盈系数	$\geqslant 1.0$		实际灌注量与理论灌注量的比
褥垫层夯填度	$\leqslant 0.9$		水准测量

注:D 为设计桩径(mm)。

第二节 基础工程

一、筏形与箱形基础

1. 施工现场图

筏形基础施工现场如图 1-25 所示。

扫码看视频

筏形基础施工

一般项目质量验收
(1)施工前应对放线尺寸进行检验。
(2)施工结束后,应对筏形和箱形基础的混凝土强度、轴线位置、基础顶面标高及平整度进行验收。

图 1-25 筏形基础施工现场

2. 重点项目质量验收

(1)施工中应对轴线、预埋件、预留洞中心线位置、钢筋位置(图 1-26)及钢筋保护层厚度进行检验。

(2)筏形和箱形基础质量检验标准应符合表 1-13 的规定。

二、钢筋混凝土预制桩

1. 施工现场图

钢筋混凝土预制桩施工现场如图 1-27 所示。

图 1-26　钢筋位置现场检验

表 1-13　筏形和箱形基础质量检验标准

检查项目	允许值或允许偏差		检查方法
	单位	数值	
混凝土强度	不小于设计值		28d 试块强度
轴线位置	mm	≤15	经纬仪或用钢尺量
基础顶面标高	mm	±15	水准测量
平整度	mm	±10	用 2m 靠尺
尺寸	mm	+15 −10	用钢尺量
预埋件中心位置	mm	≤10	用钢尺量
预留洞中心线位置	mm	≤15	用钢尺量

一般项目质量验收
（1）施工前应检验成品桩构造尺寸及外观质量。
（2）施工结束后应对承载力及桩身完整性等进行检验。

图 1-27　钢筋混凝土预制桩施工现场

图 1-28　接桩现场施工

2. 重点项目质量验收

（1）施工中应检验接桩质量、锤击及静压的技术指标、垂直度以及桩顶标高等，接桩现场施工如图 1-28 所示。

（2）钢筋混凝土预制桩质量检验标准应符合表 1-14 和表 1-15 的规定。

三、泥浆护壁成孔灌注桩

1. 施工现场图

泥浆护壁成孔灌注桩施工现场如图 1-29 所示。

表 1-14 锤击预制桩质量检验标准

检查项目	允许值或允许偏差		检查方法
	单位	数值	
承载力	不小于设计值		静载试验、高应变法等
桩身完整性	—		低应变法
成品桩质量	表面平整,颜色均匀,掉角深度小于 10mm,蜂窝面积小于总面积的 0.5%		查产品合格证
电焊结束后停歇时间	min	≥8(3)	用表计时
上下节平面偏差	mm	≤10	用钢尺量
节点弯曲矢高	同桩体弯曲要求		用钢尺量
收锤标准	设计要求		用钢尺量或查沉桩记录
桩顶标高	mm	±50	水准测量
垂直度	≤1/100		经纬仪测量

注:括号中为采用二氧化碳气体保护焊时的数值。

表 1-15 静压预制桩质量检验标准

检查项目		允许值或允许偏差		检查方法
		单位	数值	
承载力		不小于设计值		静载试验、高应变法
桩身完整性		—		低应变法
成品桩质量		表面平整,颜色均匀,掉角深度小于 10mm,蜂窝面积小于总面积的 0.5%		查产品合格证
电焊条质量		设计要求		查产品合格证
焊缝	咬边深度	mm	≤0.5	焊缝检查仪
	加强层高度	mm	≤2	焊缝检查仪
	加强层宽度	mm	≤3	焊缝检查仪
电焊结束后停歇时间		min	≥6(3)	用表计时
上下节平面偏差		mm	≤10	用钢尺量
节点弯曲矢高		同桩体弯曲要求		用钢尺量
终压标准		设计要求		现场实测或查沉桩记录
桩顶标高		mm	±50	水准测量
垂直度		≤1/100		经纬仪测量
混凝土灌芯		设计要求		查灌注量

注:电焊结束后停歇时间项括号中为采用二氧化碳气体保护焊时的数值。

图 1-29 泥浆护壁成孔灌注桩施工现场

> **一般项目质量验收**
> (1) 施工前应检验灌注桩的原材料及桩位处的地下障碍物处理资料。
> (2) 施工后应对桩身完整性、混凝土强度及承载力进行检验。

2. 重点项目质量验收

(1) 施工中应对成孔、钢筋笼制作与安装(图 1-30)、水下混凝土灌注等各项质量指标进行检查验收;嵌岩桩应对桩端的岩性和入岩深度进行检验。

图 1-30　钢筋笼现场安装

（2）泥浆护壁成孔灌注桩质量检验标准应符合表 1-16 的规定。

表 1-16　泥浆护壁成孔灌注桩质量检验标准

检查项目	允许值或允许偏差		检查方法
	单位	数值	
承载力	不小于设计值		静载试验
孔深	不小于设计值		用测绳或井径仪测量
桩身完整性	—		钻芯法、低应变法、声波透射法
混凝土强度	不小于设计值		28d 试块强度或钻芯法
嵌岩深度	不小于设计值		取岩样或超前钻孔取样
混凝土坍落度	mm	180～220	坍落度仪
钢筋笼安装深度	mm	+100 / 0	用钢尺量
混凝土充盈系数	≥1.0		实际灌注量与计算灌注量的比
桩顶标高	mm	+30 / −50	水准测量，需扣除桩顶浮浆层及劣质桩体

四、干作业成孔灌注桩

1. 施工现场图

干作业成孔灌注桩施工现场如图 1-31 所示。

一般项目质量验收
（1）施工前应对原材料、施工组织设计中制定的施工顺序、主要成孔设备性能指标、监测仪器、监测方法、保证人员安全的措施或安全专项施工方案等进行检查验收。
（2）施工结束后应检验桩的承载力、桩身完整性及混凝土的强度。

图 1-31　干作业成孔灌注桩施工现场

2. 重点项目质量验收

（1）施工中应检验钢筋笼质量、混凝土坍落度、桩位、孔深（图 1-32）、桩顶标高等。

图 1-32 孔深检查

（2）人工挖孔桩应复验孔底持力层土岩性，嵌岩桩应有桩端持力层的岩性报告。干作业成孔灌注桩的质量检验标准应符合表 1-17 的规定。

表 1-17 干作业成孔灌注桩质量检验标准

检查项目	允许值或允许偏差		检查方法
	单位	数值	
承载力	不小于设计值		静载试验
孔深及孔底土岩性	不小于设计值		测钻杆套管长度或用测绳、检查孔底土岩性报告
桩身完整性	—		钻芯法（大直径嵌岩桩应钻至桩尖下 500mm），低应变法或声波透射法
混凝土强度	不小于设计值		28d 试块强度或钻芯法
桩顶标高	mm	+30 −50	水准测量
混凝土坍落度	mm	90～150	坍落度仪

五、长螺旋钻孔压灌桩

1. 施工现场图

长螺旋钻孔压灌桩施工现场如图 1-33 所示。

扫码看视频

长螺旋钻孔压灌桩

一般项目质量验收
（1）施工前应对放线后的桩位进行检查。
（2）施工中应对桩位、桩长、垂直度、钢筋笼笼顶标高等进行检查。

图 1-33 长螺旋钻孔压灌桩施工现场

图 1-34　桩体混凝土浇筑

2. 重点项目质量验收

（1）施工结束后应对混凝土强度、桩身完整性及承载力进行检验。桩体混凝土浇筑如图 1-34 所示。

（2）长螺旋钻孔压灌桩的质量检验标准应符合表 1-18 的规定。

六、沉管灌注桩

1. 施工现场图

沉管灌注桩施工现场如图 1-35 所示。

表 1-18　长螺旋钻孔压灌桩的质量检验标准

检查项目	允许值或允许偏差		检查方法
	单位	数值	
承载力	不小于设计值		静载试验
混凝土强度	不小于设计值		28d 试块强度或钻芯法
桩长	不小于设计值		施工中量钻杆长度，施工后钻芯法或低应变法检测
桩径	不小于设计值		用钢尺量
桩身完整性	—		低应变法
混凝土坍落度	mm	160～220	坍落度仪
混凝土充盈系数	≥1.0		实际灌注量与理论灌注量的比
垂直度	≤1/100		经纬仪测量或线锤测量
桩顶标高	mm	+30 −50	水准测量
钢筋笼笼顶标高	mm	±100	水准测量

一般项目质量验收
（1）施工前应对放线后的桩位进行检查。
（2）施工结束后应对混凝土强度、桩身完整性及承载力进行检验。

图 1-35　沉管灌注桩施工现场

2. 重点项目质量验收

（1）施工中应对桩位、桩长、垂直度、钢筋笼笼顶标高、拔管速度等进行检查。钢筋笼现场制作如图 1-36 所示。

（2）沉管灌注桩的质量检验标准应符合表 1-19 的规定。

七、钢桩

1. 施工现场图

钢桩施工现场如图 1-37 所示。

图 1-36　钢筋笼现场制作

表 1-19　沉管灌注桩的质量检验标准

检查项目	允许值或允许偏差		检查方法
	单位	数值	
承载力	不小于设计值		静载试验
混凝土强度	不小于设计值		28d 试块强度或钻芯法
桩身完整性	—		低应变法
桩长	不小于设计值		施工中量钻杆长度,施工后钻芯法或低应变法检测
混凝土坍落度	mm	80～100	坍落度仪
垂直度	≤1/100		经纬仪测量
拔管速度	m/min	1.2～1.5	用钢尺量及秒表
桩顶标高	mm	+30 −50	水准测量
钢筋笼笼顶标高	mm	±100	水准测量

一般项目质量验收
（1）施工前应对桩位、成品桩的外观质量进行检验。
（2）施工结束后应进行承载力检验。

图 1-37　钢桩施工现场

2. 重点项目质量验收

（1）施工中应进行打入（静压）深度、收锤标准、终压标准及桩身（架）垂直度检查。

（2）施工中应检验接桩质量、接桩间歇时间及桩顶完整状况；电焊质量除应进行常规检查外，还应做 10% 的焊缝探伤检查。现场接桩焊接如图 1-38 所示。

（3）施工中应检验每层土每米进尺锤击

图 1-38　现场接桩焊接

数、最后 1.0m 进尺锤击数、总锤击数、最后三阵贯入度、桩顶标高、桩尖标高等。

（4）钢桩施工质量检验标准应符合表 1-20 的规定。

表 1-20　钢桩施工质量检验标准

检查项目		允许值或允许偏差		检查方法
		单位	数值	
承载力		不小于设计值		静载试验、高应变法等
钢桩外径或断面尺寸	桩端	mm	≤0.5%D	用钢尺量
	桩身	mm	≤0.1%D	
桩长		不小于设计值		用钢尺量
矢高		mm	≤0.1%l	用钢尺量
垂直度		≤1/100		经纬仪测量
端部平整度		mm	≤2（H 型桩≤1）	用水平尺量
端部平面与桩身中心线的倾斜值		mm	≤2	用水平尺量
上下节桩错口	钢管桩外径≥700mm	mm	≤3	用钢尺量
	钢管桩外径＜700mm	mm	≤2	用钢尺量
	H 型钢桩	mm	≤1	用钢尺量
焊缝	咬边深度	mm	≤0.5	焊缝检查仪
	加强层高度	mm	≤2	焊缝检查仪
	加强层宽度	mm	≤3	焊缝检查仪
焊接结束后停歇时间		min	≥1	用表计时
节点弯曲矢高		mm	＜0.1%l	用钢尺量
桩顶标高		mm	±50	水准测量
收锤标准		设计要求		用钢尺量或查沉桩记录

注：l 为桩长（mm），D 为钢桩外径或边长（mm）。

八、锚杆静压桩

1. 施工现场图

锚杆静压桩施工现场如图 1-39 所示。

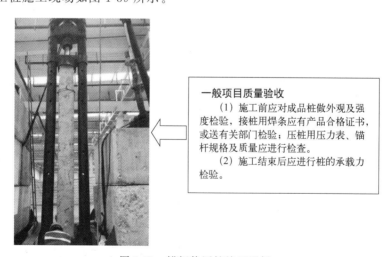

> **一般项目质量验收**
> （1）施工前应对成品桩做外观及强度检验，接桩用焊条应有产品合格证书，或送有关部门检验；压桩用压力表、锚杆规格及质量应进行检查。
> （2）施工结束后应进行桩的承载力检验。

图 1-39　锚杆静压桩施工现场

2. 重点项目质量验收

（1）压桩施工中应检查压力、桩垂直度（图 1-40）、接桩间歇时间、桩的连接质量及压入深度。重要工程应对电焊接桩的接头进行探伤检查。对承受反力的结构应加强观测。

图 1-40　桩垂直度现场检验

（2）锚杆静压桩质量检验标准应符合表 1-21 的规定。

表 1-21　锚杆静压桩质量检验标准

检查项目	允许值或允许偏差		检查方法
	单位	数值	
承载力	不小于设计值		静载试验
桩长	不小于设计值		用钢尺量
垂直度	≤1/100		经纬仪测量
压桩压力设计有要求时	%	±5	检查压力表读数
接桩时上下节平面偏差	mm	≤10	用钢尺量
接桩时节点弯曲矢高	mm	≤0.1%l	
桩顶标高	mm	±50	水准测量

注：l 为桩长（mm）。

第三节　特殊土地基基础工程

一、湿陷性黄土

1. 施工现场图

湿陷性黄土基础施工现场如图 1-41 所示。

> **一般项目质量验收**
> 　　湿陷性黄土场地上的素土、灰土地基质量检验和验收除应符合本章第一节"素土、灰土地基"小节的规定外，还应对外放尺寸和垫层总厚度进行检验，并应符合表1-22的规定。

图 1-41　湿陷性黄土基础施工现场

表 1-22 湿陷性黄土场地上素土、灰土地基质量检验标准

检查项目	允许值或允许偏差		检查方法
	单位	数值	
地基承载力	不小于设计值		静载试验
配合比	设计值		检查拌和时的体积比
压实系数	不小于设计值		环刀法
外放尺寸	不小于设计值		用钢尺量
石灰粒径	mm	≤5	筛析法
土料有机质含量	%	≤5	灼烧减量法

2. 重点项目质量验收

（1）湿陷性黄土场地上的土和灰土挤密桩地基，除应符合本章第一节"土和灰土挤密桩复合地基"小节的规定外，还应符合下列规定。

① 对预钻孔夯扩桩，在施工前应检查夯锤重量、钻头直径，施工中应检查预钻孔孔径、每次填料量、夯锤提升高度、夯击次数、成桩直径等参数。

② 对复合土层湿陷性、桩间土湿陷系数、桩间土平均挤密系数进行检验，并应符合表 1-23 的规定。

表 1-23 湿陷性黄土场地上挤密地基质量检验标准

检查项目	允许值或允许偏差		检查方法
	单位	数值	
复合地基承载力	不小于设计值		静载试验
桩长	不小于设计值		测桩管长度或用测绳
桩体填料平均压实系数	不小于设计值		环刀法
复合土层湿陷性	设计要求		原位浸水静载试验或室内试验
土料有机质含量	%	≤5	灼烧减量法
石灰粒径	mm	≤5	筛析法
桩位	≤0.25D		全站仪或用钢尺量
桩径	不小于设计值		用钢尺量
垂直度	≤1/100		经纬仪测桩管
桩顶垫层压实系数	不小于设计值		环刀法
夯锤提升高度	不小于设计值		用钢尺量
桩间土湿陷系数	<0.015		室内湿陷系数试验，取样竖向间隔不宜大于 1m
桩间土平均挤密系数	不小于设计要求		环刀法，取样竖向间隔不宜大于 1m

注：D 为设计桩径（mm）。

（2）使用挤密桩消除地基湿陷性后采用桩基或水泥粉煤灰碎石桩等复合地基的工程，应对挤密桩和桩基或复合地基分别验收，并符合下列规定：

① 挤密桩验收应符合本章第一节"土和灰土挤密桩复合地基"小节中的规定；设计无要求时，挤密地基承载力可不作为验收参数；

② 桩基础应按本章第二节"基础工程"进行验收；水泥粉煤灰碎石桩复合地基应按本章第一节"水泥粉煤灰碎石桩复合地基"小节中的内容进行验收。

（3）预浸水法质量检验应符合下列规定：

① 施工前应检查浸水坑平面开挖尺寸和深度，浸水孔数量、深度和间距；

② 施工中应检查湿陷变形量及浸水坑内水头高度；

③ 预浸水法质量检验标准应符合表 1-24 的规定。

表 1-24　预浸水法质量检验标准

检查项目	允许值或允许偏差		检查方法
	单位	数值	
湿陷变形稳定标准	mm/d	设计要求,按连续 5d 平均值计算	水准测量
浸水坑边长或直径	不小于设计值		用钢尺量
浸水坑底标高	mm	±150	水准测量
浸水坑内水头高度	不小于设计要求		用钢尺量
浸水孔深度	mm	±200	用钢尺量
浸水孔间距	mm	≤0.1l	用钢尺量

注：l 为设计浸水孔间距（mm）。

二、膨胀土

1. 施工现场图

膨胀土地基施工现场如图 1-42 所示。

一般项目质量验收
当膨胀土地基采用素土、灰土垫层或砂、砂石垫层时，其质量验收应符合本章第一节中"素土、灰土地基"小节或"砂和砂石地基"小节的规定。

图 1-42　膨胀土地基施工现场

2. 重点项目质量验收

（1）当膨胀土地基采用桩基础时，其质量验收应符合本章第二节中"干作业成孔灌注桩""长螺旋钻孔压灌桩"等小节的规定。

（2）膨胀土地区建筑物四周设置的散水或宽散水质量验收标准应符合表 1-25 的规定。

表 1-25　散水质量检验标准

检查项目	允许值或允许偏差		检查方法
	单位	数值	
散水宽度	mm	+100 / 0	用钢尺量
面层厚度	mm	+20 / 0	用钢尺量
垫层厚度	mm	+20 / 0	用钢尺量
隔热保温层厚度	mm	+20 / 0	用钢尺量
散水坡度	设计值		用钢尺量
垫层、隔热保温层配合比	设计值		检查拌和时的体积比
垫层、隔热保温层压实系数	不小于设计值		环刀法
石灰粒径	mm	≤5	筛析法
土料有机质含量	%	≤5	灼烧减量法
土颗粒粒径	mm	≤15	筛析法
土的含水量	最优含水量±2%		烘干法

三、盐渍土

1. 施工现场图

盐渍土地基施工现场如图 1-43 所示。

一般项目质量验收

盐渍土地基中设置隔水层时，隔水层施工前应检验土工合成材料的抗拉强度、抗老化性能、防腐蚀性能，施工过程中应检查土工合成材料的搭接宽度或焊接强度、保护层厚度等。

图 1-43　盐渍土地基施工现场

2. 重点项目质量验收

（1）盐渍土地区基础施工前应检验建筑材料（砖、砂、石、水等）的含盐量、防腐添加剂及防腐涂料的质量，施工过程中应检验防腐添加剂的用法和用量、防腐涂层的施工质量。

（2）当盐渍土地基采用浸水预溶法进行地基处理时，其质量检验应符合表 1-26 的规定。

表 1-26　浸水预溶法质量检验标准

检查项目	允许值或允许偏差		检查方法
	单位	数值	
浸水下沉量	不小于设计值		水准测量
有效浸水影响深度	不小于设计值		用钢尺量
浸水坑的外放尺寸	不小于设计值		用钢尺量
水头高度	不小于设计值		用钢尺量

（3）当盐渍土地基采用盐化法进行地基处理时，其质量检验应符合表 1-27 的规定。

表 1-27　盐化法质量检验标准

检查项目	允许值或允许偏差		检查方法
	单位	数值	
含盐量	不小于设计值		实验室测量
浸水影响深度	不大于设计值		用钢尺量
浸水坑的外放尺寸	不小于设计值		用钢尺量
水头高度	不小于设计值		用钢尺量

四、冻土

1. 施工现场图

冻土地基施工现场如图 1-44 所示。

2. 重点项目质量验收

（1）多年冻土地区钢筋混凝土预制桩的验收应符合表 1-28 的规定。

一般项目质量验收
　　(1) 施工前应对保温隔热材料单位面积的质量、厚度、密度、强度、压缩性等做检验。
　　(2) 施工中应检查地基土质量，回填料铺设厚度及平整度，保温隔热材料的铺设厚度、方向、接缝、防水、保护层与结构连接状况。
　　(3) 施工结束后应进行承载力或压缩变形检验。

图 1-44　冻土地基施工现场

表 1-28　钢筋混凝土预制桩质量检验标准

检查项目	允许值或允许偏差		检查方法
	单位	数值	
承载力	不小于设计值		静载试验
建筑场地地温	℃	±0.05	热敏电阻测量
桩孔直径	mm	≥−20	用钢尺量
桩侧回填	设计要求		用 2m 靠尺
钻孔打入桩成孔直径	不大于设计值		用钢尺量
钻孔打入桩钻孔深度	不小于设计值		量钻头和钻杆高度或用测绳
钻孔插入桩成孔直径	不大于设计值		用钢尺量

　　(2) 多年冻土地区混凝土灌注桩的验收应符合下列规定：
　　① 施工中应检查桩身混凝土灌注温度及负温混凝土防冻剂、早强剂掺量；应检查在多年冻土融化层内的桩周外侧和低桩承台或基础梁下防止基土冻胀作用的措施，并应符合设计要求；
　　② 桩基施工中应在场区内进行地温监测；
　　③ 施工结束后，应进行桩的承载力检验；
　　④ 混凝土灌注桩质量检验标准应符合表 1-29 的规定。

表 1-29　混凝土灌注桩质量检验标准

检查项目	允许值或允许偏差		检查方法
	单位	数值	
承载力	不小于设计值		静载试验
场地地温	℃	±0.05	热敏电阻测量
混凝土灌注温度	℃	5～10	用温度计量
桩侧防冻措施	设计要求		目测法
承台、基础梁下防冻措施	设计要求		目测法

第四节　基坑支护工程

一、排桩

1. 施工现场图

排桩支护施工现场如图 1-45 所示。

2. 重点项目质量验收

（1）灌注桩排桩应采用低应变法检测桩身完整性（图1-46），检测桩数不宜少于总桩数的20%，且不得少于5根。采用桩墙合一时，低应变法检测桩身完整性的检测数量应为总桩数的100%；采用声波透射法检测的灌注桩排桩数量不应低于总桩数的10%，且不应少于3根。当根据低应变法或声波透射法判定的桩身完整性为Ⅲ类、Ⅳ类时，应采用钻芯法进行验证。

> 一般项目质量验收
> （1）灌注桩排桩和截水帷幕施工前，应对原材料进行检验。
> （2）灌注桩施工前应进行试成孔，试成孔数量应根据工程规模和场地地层特点确定，且不宜少于2个。
> （3）灌注桩排桩施工中应加强过程控制，对成孔、钢筋笼制作与安装、混凝土灌注等各项技术指标进行检查验收。

图1-45 排桩支护施工现场

图1-46 桩身完整性质量检验

（2）灌注桩混凝土强度检验的试件应在施工现场随机抽取。灌注桩每浇筑50m³必须至少留置1组混凝土强度试件，单桩不足50m³的桩，每连续浇筑12h必须至少留置1组混凝土强度试件。有抗渗等级要求的灌注桩还应留置抗渗等级检测试件，一个级配不宜少于3组。

（3）灌注桩排桩的质量检验应符合表1-30的规定。

表1-30 灌注桩排桩质量检验标准

检查项目	允许值或允许偏差		检查方法
	单位	数值	
孔深	不小于设计值		测钻杆长度或用测绳
混凝土强度	不小于设计值		28d试块强度或钻芯法
嵌岩深度	不小于设计值		取岩样或超前钻孔取样
钢筋笼主筋间距	mm	±10	用钢尺量
垂直度	≤1/100(≤1/200)		测钻杆、用超声波或井径仪测量
孔径	不小于设计值		测钻头直径
桩位	mm	≤50	开挖前量护筒，开挖后量桩中心
沉渣厚度	mm	≤200	用沉渣仪或重锤测
混凝土坍落度	mm	180～220	坍落度仪
钢筋笼安装深度	mm	±100	用钢尺量
混凝土充盈系数	≥1.0		实际灌注量与理论灌注量的比
桩顶标高	mm	±50	水准测量，需扣除桩顶浮浆层及劣质桩体

注：垂直度括号内数值适用于灌注桩排桩采用桩墙合一设计的情况。

二、板桩围护墙

1. 施工现场图

板桩围护墙施工现场如图 1-47 所示。

一般项目质量验收
板桩围护墙施工前，应对钢板桩或预制钢筋混凝土板桩的成品进行外观检查。

图 1-47　板桩围护墙施工现场

2. 重点项目质量验收

（1）钢板桩围护墙的质量检验标准应符合表 1-31 的规定。

表 1-31　钢板桩围护墙质量检验标准

检查项目	允许值或允许偏差		检查方法
	单位	数值	
桩长	不小于设计值		用钢尺量
桩身弯曲度	mm	$\leq 2\%l$	用钢尺量
桩顶标高	mm	± 100	水准测量
齿槽平直度及光滑度	无电焊渣或毛刺		用 1m 长的桩段做通过实验
沉桩垂直度	$\leq 1/100$		经纬仪测量
轴线位置	mm	± 100	经纬仪或用钢尺量
齿槽咬合程度	紧密		目测法

注：l 为钢板桩设计桩长（mm）。

（2）预制混凝土板桩围护墙的质量检验标准应符合表 1-32 的规定。

表 1-32　预制混凝土板桩围护墙质量检验标准

检查项目	允许值或允许偏差		检查方法
	单位	数值	
桩长	不小于设计值		用钢尺量
桩身弯曲度	mm	$\leq 0.1\%l$	用钢尺量
桩身厚度	mm	$+10$ 0	用钢尺量
凹凸槽尺寸	mm	± 3	用钢尺量
桩顶标高	mm	± 100	水准测量
保护层厚度	mm	± 5	用钢尺量
模截面相对两面之差	mm	≤ 5	用钢尺量
桩尖对桩轴线的位移	mm	≤ 10	用钢尺量
沉桩垂直度	$\leq 1/100$		经纬仪测量
轴线位置	mm	≤ 100	用钢尺量
板缝间隙	mm	≤ 20	用钢尺量

注：l 为预制混凝土板桩设计桩长（mm）。

三、咬合桩围护墙

1. 施工现场图

咬合桩围护墙施工现场如图 1-48 所示。

一般项目质量验收
　　（1）施工前，应对导墙的质量和钢套管顺直度进行检查。
　　（2）施工过程中应对桩成孔质量、钢筋笼的制作、混凝土的坍落度进行检查。

图 1-48　咬合桩围护墙施工现场

2. 重点项目质量验收

咬合桩围护墙质量检验标准应符合表 1-33 和表 1-34 的规定。

表 1-33　单桩混凝土坍落度检验次数

单桩混凝土量/m³	次数	检测时间
≤30	2	灌注混凝土前、后阶段各一次
＞30	3	灌注混凝土前、后和中间阶段各一次

表 1-34　导墙、钢套管允许偏差

检查项目	允许值或允许偏差		检查方法
	单位	数值	
导墙定位孔孔径	mm	±10	用钢尺量
导墙定位孔孔口定位	mm	≤10	用钢尺量
钢套管顺直度	≤1/500		用线锤测
成孔孔径	mm	+30 0	用超声波或井径仪测量
成孔垂直度	≤1/300		用超声波或测斜仪测量
成孔孔深	不小于设计值		测钻杆长度或用测绳
导墙平整度	mm	±5	用钢尺量
导墙平面位置	mm	≤20	用钢尺量
导墙顶面标高	mm	±20	水准测量
桩位	mm	≤20	全站仪或用钢尺量
矩形钢筋笼长边	mm	±10	用钢尺量
矩形钢筋笼短边	mm	0 −10	用钢尺量
矩形钢筋笼转角	(°)	≤5	用量角器量
钢筋笼安放位置	mm	≤10	用钢尺量

四、土钉墙

1. 施工现场图

土钉墙支护施工现场如图 1-49 所示。

一般项目质量验收
　　（1）土钉墙支护工程施工前应对钢筋、水泥、砂石、机械设备性能等进行检验。
　　（2）土钉应进行抗拔承载力检验，检验数量不宜少于土钉总数的1%，且同一土层中的土钉检验数量不应小于3根。

图 1-49　土钉墙支护施工现场

2. 重点项目质量验收

（1）土钉墙支护工程施工过程中应对放坡系数，土钉位置，土钉孔直径、深度及角度，土钉杆体长度，注浆配比、注浆压力及注浆量，喷射混凝土面层厚度、强度等进行检验。喷射混凝土面层施工如图 1-50 所示。

（2）土钉墙支护质量检验应符合表 1-35 的规定。

五、地下连续墙

1. 施工现场图

地下连续墙施工现场如图 1-51 所示。

图 1-50　喷射混凝土面层施工

表 1-35　土钉墙支护质量检验标准

检查项目	允许值或允许偏差		检查方法
	单位	数值	
抗拔承载力	不小于设计值		土钉抗拔试验
土钉长度	不小于设计值		用钢尺量
分层开挖厚度	mm	±200	水准测量或用钢尺量
土钉位置	mm	±100	用钢尺量
土钉直径	不小于设计值		用钢尺量
土钉孔倾斜度	(°)	≤3	测倾斜角
水胶比	设计值		实际用水量与水泥等胶凝材料的重量比
注浆量	不小于设计值		查看流量表
注浆压力	设计值		检查压力表读数
浆体强度	不小于设计值		试块强度
钢筋网间距	mm	±30	用钢尺量
土钉面层厚度	mm	±10	用钢尺量
面层混凝土强度	不小于设计值		28d 试块强度
预留土墩尺寸及间距	mm	±500	用钢尺量
微型桩桩位	mm	≤50	全站仪或用钢尺量
微型桩垂直度	≤1/200		经纬仪测量

2. 重点项目质量验收

（1）施工中应定期对泥浆指标、钢筋笼的制作与安装、混凝土的坍落度、预制地下连续

一般项目质量验收
　　（1）施工前应对导墙的质量进行检查。
　　（2）兼作永久结构的地下连续墙，其与地下结构底板、梁及楼板之间连接的预埋钢筋接驳器应按原材料检验要求进行抽样复验，取每500套为一个检验批，每批应抽查3件，复验内容为外观、尺寸、抗拉强度等。

图 1-51　地下连续墙施工现场

图 1-52　地下连续墙钢筋笼安装

墙墙段安放质量、预制接头、墙底注浆、地下连续墙成槽及墙体质量等进行检验。地下连续墙钢筋笼安装如图 1-52 所示。

　　（2）混凝土抗压强度和抗渗等级应符合设计要求。墙身混凝土抗压强度试块每100m³ 混凝土不应少于 1 组，且每幅槽段不应少于 1 组，每组为 3 件；墙身混凝土抗渗试块每 5 幅槽段不应少于 1 组，每组为 6 件。作为永久结构的地下连续墙，其抗渗质量标准可按现行国家标准《地下防水工程质量验收规范》（GB 50208—2011）的规定执行。

　　（3）作为永久结构的地下连续墙墙体施工结束后，应采用声波透射法对墙体质量进行检验，同类型槽段的检验数量不应少于 10％，且不得少于 3 幅。

　　（4）地下连续墙的质量检验标准应符合表 1-36 的规定。

表 1-36　地下连续墙成槽及墙体允许偏差

检查项目		允许值或允许偏差		检查方法
		单位	数值	
墙体强度		不小于设计值		28d 试块强度或钻芯法
槽壁垂直度	临时结构	≤1/200		20%超声波 2 点/幅
	永久结构	≤1/300		100%超声波 2 点/幅
槽段深度		不小于设计值		测绳 2 点/幅
导墙尺寸	宽度（设计墙厚＋40mm）	mm	±10	用钢尺量
	垂直度	≤1/500		用线锤测
	导墙顶面平整度	mm	±5	用钢尺量
	导墙平面定位	mm	≤10	用钢尺量
	导墙顶标高	mm	±20	水准测量
槽段宽度	临时结构	不小于设计值		20%超声波 2 点/幅
	永久结构	不小于设计值		100%超声波 2 点/幅

续表

检查项目		允许值或允许偏差		检查方法
		单位	数值	
槽段位	临时结构	mm	≤50	钢尺 1 点/幅
	永久结构	mm	≤30	
沉渣厚度	临时结构	mm	≤150	100%测绳 2 点/幅
	永久结构	mm	≤100	
混凝土坍落度		mm	180～220	坍落度仪
地下连续墙表面平整度	临时结构	mm	±150	用钢尺量
	永久结构	mm	±100	
	预制地下连续墙	mm	±20	
预制墙顶标高		mm	±10	水准测量
预制墙中心位移		mm	≤10	用钢尺量

六、重力式水泥土墙

1. 施工现场图

重力式水泥土墙施工现场如图 1-53 所示。

一般项目质量验收
（1）水泥土搅拌桩施工前应检查水泥及掺合料的质量、搅拌桩机性能及计量设备完好程度。
（2）水泥土搅拌桩的桩身强度应满足设计要求，强度检测宜采用钻芯法。取芯数量不宜少于总桩数的1%，且不得少于6根。

图 1-53　重力式水泥土墙施工现场

2. 重点项目质量验收

（1）基坑开挖期间应对开挖面桩身外观质量以及桩身渗漏水等情况进行质量检查。

（2）水泥土搅拌桩成桩施工期间和施工完成后质量检验应符合表 1-37 的规定。

表 1-37　水泥土搅拌桩的质量检验标准

检查项目	允许值或允许偏差		检查方法
	单位	数值	
桩身强度	不小于设计值		钻芯法
水泥用量	不小于设计值		查看流量表
桩长	不小于设计值		测钻杆长度
桩径	mm	±10	量搅拌叶回转直径
水胶比	设计值		实际用水量与水泥等胶凝材料的重量比
提升速度	设计值		测机头上升距离及时间
下沉速度	设计值		测机头下沉距离及时间
桩位	mm	≤50	全站仪或用钢尺量
桩顶标高	mm	±200	水准测量
导向架垂直度	≤1/100		经纬仪测量
施工间隙	h	≤24	检查施工记录

七、内支撑

1. 施工现场图

内支撑施工现场如图 1-54 所示。

一般项目质量验收
（1）内支撑施工前，应对放线尺寸、标高进行校核。对混凝土支撑的钢筋和混凝土、钢支撑的产品构件和连接构件以及钢立柱的制作质量等进行检验。
（2）施工中应对混凝土支撑下垫层或模板的平整度和标高进行检验。

图 1-54 内支撑施工现场

图 1-55 钢支撑的连接节点施工

2. 重点项目质量验收

（1）施工结束后，对应的下层土方开挖前应对水平支撑的尺寸、位置、标高、支撑与围护结构的连接节点、钢支撑的连接节点（图 1-55）和钢立柱的施工质量进行检验。

（2）钢筋混凝土支撑的质量检验应符合表 1-38 的规定。

（3）钢支撑的质量检验应符合表 1-39 的规定。

八、锚杆

1. 施工现场图

锚杆支护施工现场如图 1-56 所示。

表 1-38 钢筋混凝土支撑质量检验标准

检查项目	允许值或允许偏差		检查方法
	单位	数值	
混凝土强度	不小于设计值		28d 试块强度
截面宽度	mm	$+20$ 0	用钢尺量
截面高度	mm	$+20$ 0	用钢尺量
标高	mm	±20	水准测量
轴线平面位置	mm	$\leqslant20$	用钢尺量
支撑与垫层或模板的隔离措施	设计要求		目测法

表 1-39 钢支撑质量检验标准

检查项目	允许值或允许偏差		检查方法
	单位	数值	
外轮廓尺寸	mm	±5	用钢尺量
预加顶力	kN	$\pm10\%$	应力监测
轴线平面位置	mm	$\leqslant30$	用钢尺量
连接质量	设计要求		超声波或射线探伤

一般项目质量验收

(1) 锚杆施工前应对钢绞线、锚具、水泥、机械设备等进行检验。

(2) 锚杆应进行抗拔承载力检验，检验数量不宜少于锚杆总数的5%，且同一土层中的锚杆检验数量不应少于3根。

图 1-56 锚杆支护施工现场

2. 重点项目质量验收

(1) 锚杆施工中应对锚杆位置，钻孔直径、长度及角度，锚杆杆体长度，注浆配比、注浆压力及注浆量等进行检验。现场钻孔施工如图 1-57 所示。

图 1-57 现场钻孔施工

(2) 锚杆质量检验应符合表 1-40 的规定。

表 1-40 锚杆质量检验标准

检查项目	允许值或允许偏差		检查方法
	单位	数值	
抗拔承载力	不小于设计值		锚杆抗拔试验
锚固体强度	不小于设计值		试块强度
预加力	不小于设计值		检查压力表读数
锚杆长度	不小于设计值		用钢尺量
钻孔孔位	mm	≤100	用钢尺量
锚杆直径	不小于设计值		用钢尺量
钻孔倾斜度	≤3°		测倾角
水胶比(或水泥砂浆配比)	设计值		实际用水量与水泥等胶凝材料的重量比(实际用水、水泥、砂的重量比)
注浆量	不小于设计值		查看流量表
注浆压力	设计值		检查压力读数表
自由段套管长度	mm	±50	用钢尺量

第五节 地下水控制

一、降排水

1. 施工现场图

降排水施工现场如图 1-58 所示。

一般项目质量验收
(1) 采用集水明排的基坑，应检验排水沟、集水井的尺寸。排水时集水井内水位应低于设计要求水位不小于0.5m。
(2) 降水井施工前，应检验进场材料质量。降水施工材料质量检验标准应符合表1-41的规定。

图 1-58 降排水施工现场

表 1-41 降水施工材料质量检验标准

检查项目	允许值或允许偏差		检查方法
	单位	数值	
井、滤管材质	设计要求		查产品合格证书或按设计要求参数现场检测
滤管孔隙率	设计值		测算单位长度滤管孔隙面积或等长标准滤管渗透对比法
滤料粒径	$(6\sim12)d_{50}$		筛析法
滤料不均匀系数	$\leqslant 3$		筛析法
沉淀管长度	mm	$+50$ 0	用钢尺量
封孔回填土质量	设计要求		现场搓条法检验土性
挡砂网	设计要求		查产品合格证书或现场量测目数

注：d_{50} 为土颗粒的平均粒径。

图 1-59 降水井管竖直沉设

2. 重点项目质量验收

(1) 降水井正式施工时应进行试成井。试成井数量不应少于 2 口（组），并应根据试成井检验成孔工艺、泥浆配比，复核地层情况等。

(2) 降水井施工中应检验成孔垂直度。降水井的成孔垂直度偏差为 1/100，井管应居中竖直沉设（图 1-59）。

(3) 降水井施工完成后应进行试抽水，检验成井质量和降水效果。

(4) 降水运行应独立配电。降水运行前，应检验现场用电系统。连续降水的工程项目，还应检验双路以上独立供电电源或备用发电机的配置情况。

（5）降水运行过程中，应监测和记录降水场区内和周边的地下水位。采用悬挂式帷幕基坑降水的，还应计量和记录降水井抽水量。

（6）轻型井点施工质量验收应符合表 1-42 的规定。

表 1-42　轻型井点施工质量检验标准

检查项目	允许值或允许偏差		检查方法
	单位	数值	
出水量	不小于设计值		查看流量表
成孔孔径	mm	±20	用钢尺量
成孔深度	mm	+1000 −200	测绳测量
滤料回填量	不小于设计计算体积的 95%		测算滤料用量且测绳测量回填高度
黏土封孔高度	mm	≥1000	用钢尺量
井点管间距	m	0.8～1.6	用钢尺量

（7）喷射井点施工质量验收应符合表 1-43 的规定。

表 1-43　喷射井点施工质量检验标准

检查项目	允许值或允许偏差		检查方法
	单位	数值	
出水量	不小于设计值		查看流量表
成孔孔径	mm	+50 0	用钢尺量
成孔深度	mm	+1000 −200	测绳测量
滤料回填量	不小于设计计算体积的 95%		测算滤料用量且测绳测量回填高度
井点管间距	m	2～3	用钢尺量

（8）管井施工质量检验标准应符合表 1-44 的规定。

表 1-44　管井施工质量检验标准

检查项目	允许值或允许偏差		检查方法
	单位	数值	
泥浆比重	1.05～1.10		比重计
滤料回填高度	+10% 0		现场搓条法检验土性、测算封填黏土体积、孔口浸水检验密封性
封孔	设计要求		现场检验
出水量	不小于设计值		查看流量表
成孔孔径	mm	±50	用钢尺量
成孔深度	mm	±20	测绳测量
沉淀物高度	≤0.5% 井深		测锤测量
含砂量（体积比）	≤1/20000		现场目测或用含砂量计测量

（9）轻型井点、喷射井点、真空管井降水运行质量检验标准应符合表 1-45 的规定。

表 1-45　轻型井点、喷射井点、真空管井降水运行质量检验标准

检查项目	允许值或允许偏差		检查方法
	单位	数值	
降水效果	设计要求		量测水位、观测土体固结或沉降情况
真空负压	MPa	≥0.065	查看真空表
有效井点数	≥90%		现场目测出水情况

二、回灌

1. 施工现场图

地下水回灌施工现场如图 1-60 所示。

一般项目质量验收
　　（1）回灌管井正式施工时应进行试成孔。试成孔数量不应少于2个，根据试成孔检验成孔工艺、泥浆配比，复核地层情况等。
　　（2）回灌管井施工中应检验成孔垂直度。成孔垂直度允许偏差为1/100，井管应居中竖直沉设。

图 1-60　地下水回灌施工现场

2. 重点项目质量验收

（1）回灌管井施工完成后的休止期不应少于 14d，休止期结束后应进行试回灌，检验成井质量和回灌效果。

（2）回灌运行前，应检验回灌管路的安装质量和密封性。回灌管路上应装有流量计和流量控制阀。

（3）回灌运行中及回扬时，应计量和记录回灌量、回扬量，并应监测地下水位和周边环境变形。

（4）回灌管井运行质量检验标准应符合表 1-46 的规定。

表 1-46　回灌管井运行质量检验标准

检查项目	允许值或允许偏差		检查方法
	单位	数值	
观测井水位	设计值		量测水位
回灌水质	不低于回灌目的层水质		试验室化学分析
回灌量	+10% 0		查看流量表
回灌压力	+5% 0		检查压力表读数
回扬	设计要求		检查施工记录

扫码看视频

土方开挖

第六节　土石方工程

一、土方开挖

1. 施工现场图

土方开挖施工现场如图 1-61 所示。

2. 重点项目质量验收

（1）施工中应检查平面位置、水平标高、边坡坡率、压实度、排水系统、地下水控制系

一般项目质量验收
　　施工前应检查支护结构质量、定位放线、排水和地下水控制系统，以及对周边影响范围内地下管线和建（构）筑物保护措施的落实，并应合理安排土方运输车辆的行走路线及弃土场。附近有重要保护设施的基坑，应在土方开挖前对围护体的止水性能通过预降水进行检验。

图 1-61　土方开挖施工现场

统、预留土墩、分层开挖厚度、支护结构的变形，并随时观测周围环境变化。

　　（2）施工结束后应检查平面几何尺寸、水平标高、边坡坡率、表面平整度和基底土性等。

　　（3）临时性挖方工程的边坡坡率允许值应符合表 1-47 的规定或经设计计算确定。

表 1-47　临时性挖方工程的边坡坡率允许值

土的类别		边坡坡率（高∶宽）
砂土	不包括细砂、粉砂	（1∶1.25）～（1∶1.50）
黏性土	坚硬	（1∶0.75）～（1∶1.00）
	硬塑、可塑	（1∶1.00）～（1∶1.25）
	软塑	1∶1.50 或更缓
碎石土	充填坚硬黏土、硬塑黏土	（1∶0.50）～（1∶1.00）
	充填砂土	（1∶1.00）～（1∶1.50）

注：1. 本表适用于无支护措施的临时性挖方工程的边坡坡率。
　　2. 设计有要求时，应符合设计标准。
　　3. 本表适用于地下水位以上的土层。采用降水或其他加固措施时，可不受本表限制，但应计算复核。
　　4. 一次开挖深度，软土不应超过 4m，硬土不应超过 8m。

　　（4）土方开挖工程的质量检验标准应符合表 1-48～表 1-50 的规定。

表 1-48　柱基、基坑、基槽土方开挖工程的质量检验标准

检查项目	允许值或允许偏差		检查方法
	单位	数值	
标高	mm	0 −50	水准测量
长度、宽度（由设计中心线向两边量）	mm	+200 −50	全站仪或用钢尺量
坡率	设计值		目测法或用坡度尺检查
表面平整度	mm	±20	用 2m 靠尺
基底土性	设计要求		目测法或土样分析

二、土石方回填

1. 施工现场图

土石方回填施工现场如图 1-62 所示。

表 1-49 挖方场地平整土方开挖工程的质量检验标准

检查项目	允许值或允许偏差			检查方法
	单位	数值		
标高	mm	人工	±30	水准测量
		机械	±50	
长度、宽度（由设计中心线向两边量）	mm	人工	+300 −100	全站仪或用钢尺量
		机械	+500 −150	
坡率	设计值			目测法或用坡度尺检查
表面平整度	mm	人工	±20	用2m靠尺
		机械	±50	
基底土性	设计要求			目测法或土样分析

表 1-50 管沟土方开挖工程的质量检验标准

检查项目	允许值或允许偏差		检查方法
	单位	数值	
标高	mm	0 −50	水准测量
长度、宽度（由设计中心线向两边量）	mm	+100 0	全站仪或用钢尺量
坡率	设计值		目测法或用坡度尺检查
表面平整度	mm	±20	用2m靠尺
基底土性	设计要求		目测法或土样分析

一般项目质量验收
　　施工前应检查基底的垃圾、树根等杂物清除情况，测量基底标高、边坡坡率，检查验收基础外墙防水层和保护层等。回填料应符合设计要求，并应确定回填料含水量控制范围、铺土厚度、压实遍数等施工参数。

图 1-62 土石方回填施工现场

2. 重点项目质量验收

　　（1）施工中应检查排水系统、每层填筑厚度、辗迹重叠程度、含水量控制、回填土有机质含量、压实系数等。回填施工的压实系数应满足设计要求。当采用分层回填时，应在下层的压实系数经试验合格后进行上层施工。填筑厚度及压实遍数应根据土质、压实系数及压实机具确定。无试验依据时，应符合表 1-51 的规定。

表 1-51 填土施工时的分层厚度及压实遍数

压实机具	分层厚度/mm	每层压实遍数
平辗	250～300	6～8
振动压实机	250～350	3～4
柴油打夯	200～250	3～4
人工打夯	<200	3～4

（2）施工结束后，应进行标高检验（图 1-63）及压实系数检验。

图 1-63　标高检验

（3）填方工程质量检验标准应符合表 1-52 和表 1-53 的规定。

表 1-52　柱基、基坑、基槽、管沟、地（路）面基础层填方工程质量检验标准

检查项目	允许值或允许偏差		检查方法
	单位	数值	
标高	mm	0 −50	水准测量
分层压实系数	不小于设计值		环刀法、灌水法、灌砂法
回填土料	设计要求		取样检查或直接鉴别
分层厚度	设计值		水准测量及抽样检查
含水量	最优含水量±2％		烘干法
表面平整度	mm	±20	用 2m 靠尺
有机质含量	≤5％		灼烧减量法
辗迹重叠长度	mm	500～1000	用钢尺量

表 1-53　场地平整填方工程质量检验标准

检查项目	允许值或允许偏差			检查方法
	单位	数值		
标高	mm	人工	±30	水准测量
		机械	±50	
分层压实系数	不小于设计值			环刀法、灌水法、灌砂法
回填土料	设计要求			取样检查或直接鉴别
分层厚度	设计值			水准测量及抽样检查
含水量	最优含水量±4％			烘干法
表面平整度	mm	人工	±20	用 2m 靠尺
		机械	±30	
有机质含量	≤5％			灼烧减量法
辗迹重叠长度	mm	500～1000		用钢尺量

第七节　边坡工程

一、喷锚支护

1. 施工现场图

喷锚支护施工现场如图 1-64 所示。

一般项目质量验收
施工前应检验锚杆（索）锚固段注浆（砂浆）所用的水泥、细骨料、矿物、外加剂等主要材料的质量。同时应检验锚杆材质的接头质量，同一截面锚杆的接头面积不应超过锚杆总面积的25%。

图 1-64　喷锚支护施工现场

2. 重点项目质量验收

（1）施工中应检验锚杆（索）锚固段注浆（砂浆）配合比、注浆（砂浆）质量、锚杆（索）锚固段长度和强度、喷锚混凝土强度等。

（2）施工结束后应进行锚杆验收试验，试验的数量应为锚杆总数的 5％，且不应少于 5 根。同时应检验预应力锚杆（索）锚固后的外露长度。预应力锚杆（索）张拉的时间应按照设计要求，当无设计要求时应待注浆固结体强度达到设计强度的 90％后再进行张拉。

（3）边坡喷锚质量检验标准应符合表 1-54 的规定。

表 1-54　边坡喷锚质量检验标准

检查项目	允许值或允许偏差		检查方法
	单位	数值	
锚杆承载力	不小于设计值		锚杆拉拔试验
锚杆（索）锚固长度	mm	±50	用钢尺量(差值法)：每孔测 1 点
喷锚混凝土强度	不小于设计值		28d 试块强度
预应力锚杆（索）的张拉力、锚固力	不小于设计值		拉拔试验
锚孔位置	mm	≤50	用钢尺量：每孔测 1 点
锚孔孔径	mm	±20	用钢尺量：每孔测 1 点
锚孔倾角	(°)	≤1	导杆法：每孔测 1 点
锚孔深度	不小于设计值		用钢尺量：每孔测 1 点
锚杆（索）长度	mm	±50	用钢尺量：每孔测 1 点
预应力锚杆（索）张拉伸长量	±6%		用钢尺量
锚固段注浆体强度	不小于设计值		28d 试块强度
泄水孔直径、孔深	mm	±3	用钢尺量
预应力锚杆(索)锚固后的外露长度	mm	≥30	用钢尺量
钢束断丝滑丝数	≤1%		目测法、用钢尺量：每根(束)

二、挡土墙

1. 施工现场图

挡土墙施工现场如图 1-65 所示。

2. 重点项目质量验收

（1）施工中应进行验槽，并检验墙背填筑的分层厚度、压实系数、挡土墙埋置深度、基础宽度、排水系统、泄水孔（图 1-66）、反滤层材料级配及位置。重力式挡土墙的墙身为混凝土时，应检验混凝土的配合比、强度。

（2）挡土墙质量检验标准应符合表 1-55 的规定。

一般项目质量验收
　　（1）施工前，应检验墙背填筑所用填料的重度、强度，同时应检验墙身材料的物理力学指标。
　　（2）施工结束后，应检验重力式挡土墙砌体墙面质量、墙体高度、顶面宽度、砌缝、勾缝质量，结构变形缝的位置、宽度，泄水孔的位置、坡率等。

图 1-65　挡土墙施工现场

图 1-66　挡土墙泄水孔的设置

表 1-55　挡土墙质量检验标准

检查项目		允许值或允许偏差		检查方法
		单位	数值	
挡土墙埋置深度		mm	±10	经纬仪测量
墙身材料强度	石材	MPa	≥30	点荷载试验（石材）、试块强度（混凝土）
	混凝土	不小于设计值		
分层压实系数		不小于设计值		环刀法
平面位置		mm	≤50	全站仪测量
墙身、压顶断面尺寸		不小于设计值		用钢尺量：每一缝段测 3 个断面，每断面各 2 点
压顶顶面高程		mm	±10	水准测量：每一缝段测量 3 点
墙背加筋材料强度、延伸率		不小于设计值		拉伸试验
泄水孔尺寸		mm	±3	用钢尺量：每一缝段测量 3 点
伸缩缝、沉降缝宽度		mm	+20 0	用钢尺量：每一缝段测量 3 点
轴线位置		mm	≤30	经纬仪测量：每一缝段纵横各测量 2 点
墙面倾斜率		≤0.5%		线锤测量：每一缝段测量 3 点
墙表面平整度		mm	±10	2m 直尺、塞尺量：每一缝段测量 3 点

三、边坡开挖

1. 施工现场图

边坡开挖施工现场如图 1-67 所示。

2. 重点项目质量验收

（1）施工中，应检验开挖的平面尺寸、标高、坡率、水位等。

一般项目质量验收
（1）施工前应检查平面位置、标高、边坡坡率、降排水系统。
（2）施工结束后，应检验边坡坡率、坡底标高、坡面平整度等。
（3）预裂爆破或光面爆破的岩质边坡的坡面上宜保留炮孔痕迹，残留炮孔痕迹保存率不应小于50%。

图 1-67　边坡开挖施工现场

（2）边坡开挖施工应检查监测和监控系统，监测、监控方法应按现行国家标准《建筑边坡工程技术规范》（GB 50330—2013）的规定执行。在采用爆破施工时，应加强环境监测。

（3）边坡开挖质量检验标准应符合表 1-56 的规定。

表 1-56　边坡开挖质量检验标准

检查项目		允许值或允许偏差		检查方法
		单位	数值	
坡率		设计值		目测法或用坡度尺检查：每 20m 抽查 1 处
坡底标高		mm	±100	水准测量
坡面平整度	土坡	mm	±100	3m 直尺测量：每 20m 测 1 处
	岩坡	mm	软岩±200 硬岩±350	
平台宽度	土坡	mm	+200 0	用钢尺量
	岩坡	mm	软岩+300 硬岩+500	
坡脚线偏位	土坡	mm	+500 −100	经纬仪测量：每 20m 测 2 点
	岩坡	mm	软岩+500 −200	
		mm	硬岩+800 −250	

第二章

混凝土结构工程施工质量验收

第一节 模板分项工程

扫码看视频

模板安装

一、模板安装

1. 施工现场图

模板安装施工现场如图 2-1 所示。

> **一般项目质量验收**
> 隔离剂的品种和涂刷方法应符合施工方案的要求。隔离剂不得影响结构性能及装饰施工；不得沾污钢筋、预应力筋、预埋件和混凝土接槎处；不得对环境造成污染。
> ★检验方法：检查质量证明文件；观察。

图 2-1 模板安装施工现场

扫码看视频

模板支架安装

2. 重点项目质量验收

（1）模板及支架用材料的技术指标应符合国家现行有关标准的规定。进场时应抽样检验模板和支架（图 2-2）材料的外观、规格和尺寸。

> ★检验方法：检查质量证明文件，观察，尺量。

图 2-2 模板支架安装

（2）现浇混凝土结构模板及支架的安装质量，应符合国家现行有关标准的规定和施工方案的要求。

★检验方法：按国家现行有关标准的规定执行。

（3）后浇带处的模板（图2-3）及支架应独立设置。

★检验方法：观察。

图2-3 后浇带处的模板安装

（4）支架竖杆和竖向模板安装在土层上时，应符合下列规定：

① 土层应坚实、平整，其承载力或密实度应符合施工方案的要求；

② 应有防水、排水措施；对冻胀性土，应有预防冻融措施；

图2-4 支架竖杆下设置垫板

③ 支架竖杆下应有底座或垫板（图2-4）。

★检验方法：观察；检查土层密实度检测报告、土层承载力验算或现场检测报告。

（5）模板安装质量应符合下列规定：

① 模板的接缝应严密；

② 模板内不应有杂物、积水或冰雪等；

③ 模板与混凝土的接触面应平整、清洁；

④ 用作模板的地坪、胎膜等应平整、清洁，不应有影响构件质量的下沉、裂缝、起砂或起鼓；

⑤ 对清水混凝土及装饰混凝土构件，应使用能达到设计效果的模板。

★检验方法：观察。

（6）现浇混凝土结构多层连续支模应符合施工方案的规定。上下层模板支架的竖杆宜对准（图2-5）。竖杆下垫板的设置应符合施工方案的要求。

（7）固定在模板上的预埋件和预留孔洞不得遗漏，且应安装牢固。有抗渗要求的混凝土结构中的预埋件，应按设计及施工方案的要求采取防渗措施。

预埋件和预留孔洞的位置应满足设计和施工方案的要求。当设计无具体要求时，其位置允许偏差应符合表2-1的规定。

★检验方法：观察，尺量。

（8）现浇结构模板安装的尺寸允许偏差及检验方法应符合表2-2的规定。

（9）预制构件模板安装的允许偏差及检验方法应符合表2-3的规定。

★检验方法：观察。

图 2-5 上下层模板支架的竖杆宜对准

表 2-1 预埋件和预留孔洞的安装允许偏差

项目		允许偏差/mm
预埋板中心线位置		3
预埋管、预留孔中心线位置		3
插筋	中心线位置	5
	外露长度	+10,0
预埋螺栓	中心线位置	2
	外露长度	+10,0
预留洞	中心线位置	10
	尺寸	+10,0

表 2-2 现浇结构模板安装的允许偏差及检验方法

项目		允许偏差/mm	检验方法
轴线位置		5	尺量
底模上表面标高		±5	水准仪或拉线、尺量
模板内部尺寸	基础	±10	尺量
	柱、墙、梁	±5	尺量
	楼梯相邻踏步高差	±5	尺量
垂直度	柱、墙层高≤6m	8	经纬仪或吊线、尺量
	柱、墙层高＞6m	10	经纬仪或吊线、尺量
相邻两块模板表面高差		2	尺量
表面平整度		5	2m靠尺和塞尺量测

表 2-3 预制构件模板安装的允许偏差及检验方法

项目		允许偏差/mm	检验方法
长度	梁、板	±4	尺量两侧边，取其中较大值
	薄腹梁、桁架	±8	
	柱	0,−10	
	墙板	0,−5	
宽度	板、墙板	0,−5	尺量两端及中部，取其中较大值
	梁、薄腹梁、桁架	+2,−5	
高(厚)度	板	+2,−3	尺量两端及中部，取其中较大值
	墙板	0,−5	
	梁、薄腹梁、桁架、柱	+2,−5	

续表

项目		允许偏差/mm	检验方法
侧向弯曲	梁、板、柱	$L/1000$ 且 $\leqslant 15$	拉线、尺量最大弯曲处
	墙板、薄腹梁、桁架	$L/1500$ 且 $\leqslant 15$	
板的表面平整度		3	2m靠尺和塞尺量测
相邻两板表面高低差		1	尺量
对角线差	板	7	尺量两对角线
	墙板	5	
翘曲	板、墙板	$L/1500$	水平尺在两端量测
设计起拱	薄腹梁、桁架、梁	± 3	拉线,尺量跨中

注：L 为构件长度（mm）。

二、模板拆除

1. 施工现场图

模板拆除施工现场如图 2-6 所示。

一般项目质量验收
（1）工具式支模的梁、板模板的拆除，应先拆卡具、顺口方木、侧板，再松动木楔，使支柱、桁架等降下，逐段抽出底模板和横挡木，最后取下桁架、支柱。
（2）采用定型组合钢模板支设的侧板的拆除，应先卸下对拉螺栓的螺帽及钩头螺栓、钢楞，退出时要拆除模板上的U型卡，然后由上而下一块块拆卸。

图 2-6　模板拆除施工现场

2. 重点项目质量验收

（1）框架结构的柱、梁、板模板的拆除，应先拆柱模板（图 2-7），再松动支撑立杆上的螺纹杆升降器，使支撑梁、板横楞的檩条平稳下降，然后拆除梁侧板、平台板，抽出梁底板，最后取下横楞、梁檩条、支柱连杆和立柱。

扫码看视频

模板拆除后
施工现场清理

图 2-7　框架结构柱模板拆除

（2）模板拆除施工质量验收应符合表 2-4 和表 2-5 的规定。

表 2-4　底模拆除时的混凝土强度验收

构件名称	构件跨度/m	实际强度达到设计的混凝土立方体抗压强度标准值的比率/%	检查数量	检验方法
板	≤2	≥50	全数检查	检查同条件、同养护时间试块的试验报告
	>2,≤8	≥75		
	>8	≥100		
梁、拱、壳	≤8	≥75		
	>8	≥100		
悬臂构件	—	≥100		

表 2-5　后张法预应力构件及后浇带模板拆除质量验收

名称	检验方法	质量合格标准
后张法预应力构件模板拆除	观察检验	对后张法预应力混凝土结构构件，侧模宜在预应力张拉前拆除。底模支架的拆除应按施工技术方案执行，当无具体要求时，不应在结构构件建立预应力前拆除
后浇带模板拆除	观察检验	后浇带模板的拆除和支顶应按施工技术方案执行

第二节　钢筋分项工程

一、钢筋原材

1. 施工现场图

钢筋原材现场堆放如图 2-8 所示。

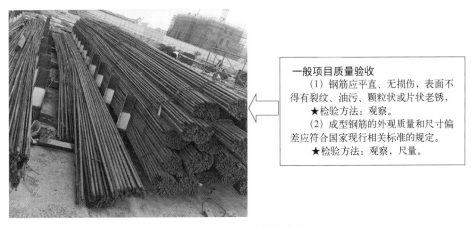

一般项目质量验收
（1）钢筋应平直、无损伤，表面不得有裂纹、油污、颗粒状或片状老锈，
★检验方法：观察。
（2）成型钢筋的外观质量和尺寸偏差应符合国家现行相关标准的规定。
★检验方法：观察，尺量。

图 2-8　钢筋原材现场堆放

2. 重点项目质量验收

（1）成型钢筋进场时，应抽取试件做屈服强度、抗拉强度、伸长率和质量偏差检验，检验结果应符合国家现行相关标准的规定。

对由热轧钢筋制成的成型钢筋，当有施工单位或监理单位的代表驻厂监督生产过程，并提供原材钢筋力学性能第三方检验报告时，可仅进行重量偏差检验。

★检验方法：检查质量证明文件和抽样检验报告。

（2）对按一、二、三级抗震等级设计的框架和斜撑构件（含梯段）中的纵向受力普通钢筋应采用 HRB335E、HRB400E、HRB500E、HRBF335E、HRBF400E 或 HRBF500E 钢筋，其强度和最大力下总伸长率的实测值应符合下列规定：

① 抗拉强度实测值与屈服强度实测值的比值不应小于 1.25；

② 屈服强度实测值与屈服强度标准值的比值不应大于 1.30；

③ 最大力下总伸长率不应小于 9%。

★检验方法：检查抽样检验报告。

（3）钢筋机械连接（图 2-9）套筒、钢筋锚固板以及预埋件等的外观质量应符合国家现行相关标准的规定。

★检验方法：检查产品质量证明文件；观察，尺量。

图 2-9　钢筋机械连接

扫码看视频

钢筋加工现场

二、钢筋加工

1. 施工现场图

钢筋弯钩加工现场如图 2-10 所示。

一般项目质量验收
　钢筋加工的形状、尺寸应符合设计要求，其偏差应符合表2-6的规定。
★检验方法：尺量。

图 2-10　钢筋弯钩加工现场

表 2-6　钢筋加工的允许偏差

项目	允许偏差/mm
受力钢筋沿长度方向的净尺寸	±10
弯起钢筋的弯折位置	±20
箍筋外廓尺寸	±5

2. 重点项目质量验收

（1）钢筋弯折的弯弧内直径应符合下列规定：

① 光圆钢筋，不应小于钢筋直径的 2.5 倍；

② 335MPa 级、400MPa 级带肋钢筋（图 2-11），不应小于钢筋直径的 4 倍；

③ 500MPa 级带肋钢筋，当直径为 28mm 以下时不应小于钢筋直径的 6 倍，当直径为 28mm 及以上时不应小于钢筋直径的 7 倍；

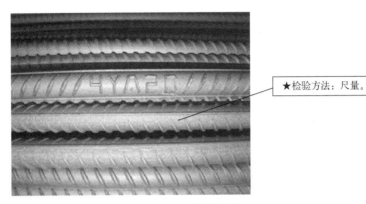

★检验方法：尺量。

图 2-11 带肋钢筋

④ 箍筋弯折处不应小于纵向受力钢筋的直径。

★检验方法：尺量。

（2）纵向受力钢筋的弯折后平直段长度应符合设计要求。光圆钢筋末端做 180°弯钩时，弯钩的平直段长度不应小于钢筋直径的 3 倍。

★检验方法：尺量。

（3）箍筋、拉筋的末端应按设计要求做弯钩，并应符合下列规定：

① 对一般结构构件，箍筋弯钩的弯折角度不应小于 90°，弯折后平直段长度不应小于箍筋直径的 5 倍（图 2-12）；对有抗震设防要求或设计有专门要求的结构构件，箍筋弯钩的弯折角度不应小于 135°，弯折后平直段长度不应小于箍筋直径的 10 倍；

扫码看视频

箍筋现场加工

★检验方法：尺量。

图 2-12 箍筋弯钩长度现场检验

② 圆形箍筋的搭接长度不应小于其受拉锚固长度，且两末端弯钩的弯折角度不应小于 135°，弯折后平直段长度对一般结构构件不应小于箍筋直径的 5 倍，对有抗震设防要求的结

构构件不应小于箍筋直径的 10 倍；

③ 梁、柱复合箍筋中的单肢箍筋两端弯钩的弯折角度均不应小于 135°，弯折后平直段长度应符合规定①对箍筋的有关规定。

★检验方法：尺量。

三、钢筋连接

1. 施工现场图

钢筋连接施工现场如图 2-13 所示。

> **一般项目质量验收**
> 　钢筋接头的位置应符合设计和施工方案要求。有抗震设防要求的结构中，梁端、柱端箍筋加密区范围内不应进行钢筋搭接。接头末端至钢筋弯起点的距离不应小于钢筋直径的10倍。
> ★检验方法：观察，尺量。

图 2-13　钢筋连接施工现场

2. 重点项目质量验收

（1）钢筋采用机械连接或焊接连接（图 2-14）时，钢筋机械连接接头、焊接接头的力学性能、弯曲性能应符合国家现行相关标准的规定。接头试件应从工程实体中截取。

扫码看视频

钢筋连接施工

> ★检验方法：检查质量证明文件和抽样检验报告。

图 2-14　钢筋焊接连接施工

（2）螺纹接头应检验拧紧扭矩值，挤压接头应量测压痕直径，检验结果应符合现行行业标准《钢筋机械连接技术规程》（JGJ 107—2016）的相关规定。

★检验方法：采用专用扭力扳手或专用量规检查。

（3）当纵向受力钢筋采用机械连接接头或焊接接头时，同一连接区段内纵向受力钢筋的接头面积百分率应符合设计要求；当设计无具体要求时，应符合下列规定：

① 受拉接头，不宜大于 50%；受压接头可不受限制；

② 直接承受动力荷载的结构构件中，不宜采用焊接；当采用机械连接（图 2-15）时，不应超过 50%。

★检验方法：观察，尺量。

图 2-15 纵向钢筋采用机械连接

注：1. 接头连接区段是指长度为 35d 且不小于 500mm 的区段，d 为相互连接两根钢筋的直径较小值。

2. 同一连接区段内纵向受力钢筋接头面积百分率为接头中点位于该连接区段内的纵向受力钢筋截面面积与全部纵向受力钢筋截面面积的比值。

（4）当纵向受力钢筋采用绑扎搭接（图 2-16）接头时，接头的设置应符合下列规定。

★检验方法：观察，尺量。

图 2-16 纵向受力钢筋采用绑扎搭接

① 接头的横向净间距不应小于钢筋直径，且不应小于 25mm。

② 同一连接区段内，纵向受拉钢筋的接头面积百分率应符合设计要求；当设计无具体要求时，应符合下列规定：

　a. 梁类、板类及墙类构件，不宜超过 25%；基础筏板，不宜超过 50%；

　b. 柱类构件，不宜超过 50%；

　c. 当工程中确有必要增大接头面积百分率时，对梁类构件，不应大于 50%。

★检验方法：观察，尺量。

注：1. 接头连接区段是指长度为 1.3 倍搭接长度的区段。搭接长度取相互连接两根钢筋中较小直径计算。

2. 同一连接区段内纵向受力钢筋接头面积百分率为接头中点位于该连接区段长度内的纵向受力钢筋截面面积与全部纵向受力钢筋截面面积的比值。

（5）梁、柱类构件的纵向受力钢筋搭接长度范围内箍筋的设置应符合设计要求；当设计无具体要求时，应符合下列规定：

① 箍筋直径不应小于搭接钢筋较大直径的 1/4；

② 受拉搭接区段的箍筋间距不应大于搭接钢筋较小直径的 5 倍，且不应大于 100mm；

③ 受压搭接区段的箍筋间距不应大于搭接钢筋较小直径的 10 倍，且不应大于 200mm；

④ 当柱中纵向受力钢筋直径大于 25mm 时，应在搭接接头两个端面外 100mm 范围内各设置两个箍筋，其间距宜为 50mm。

★检验方法：观察，尺量。

四、钢筋安装

1. 施工现场图

钢筋安装施工现场如图 2-17 所示。

扫码看视频

钢筋安装施工

一般项目质量验收
   钢筋安装时，受力钢筋的牌号、规格和数量必须符合设计要求。
   ★检验方法：观察，尺量。

图 2-17　钢筋安装施工现场

2. 重点项目质量验收

（1）受力钢筋的安装位置、锚固方式应符合设计要求。梁端受力钢筋安装如图 2-18 所示。

扫码看视频

梁端受力
钢筋安装

★检验方法：观察，尺量。

图 2-18　梁端受力钢筋安装

（2）钢筋安装允许偏差及检验方法应符合表 2-7 的规定。

梁板类构件上部受力钢筋保护层厚度的合格点率应达到 90% 及以上，且尺寸偏差不得超过表中数值 1.5 倍。

表 2-7 钢筋安装允许偏差和检验方法

项目		允许偏差/mm	检验方法
绑扎钢筋网	长、宽	±10	尺量
	网眼尺寸	±20	尺量连续三挡,取最大偏差值
绑扎钢筋骨架	长	±10	尺量
	宽、高	±5	尺量
纵向受力钢筋	锚固长度	−20	尺量
	间距	±10	尺量两端、中间各一点,取最大偏差值
	排距	±5	
纵向受力钢筋、箍筋的混凝土保护层厚度	基础	±10	尺量
	柱、梁	±5	尺量
	板、墙、壳	±3	尺量
绑扎箍筋、横向钢筋间距		±20	尺量连续三挡,取最大偏差值
钢筋弯起点位置		20	尺量,沿纵、横两个方向量测,并取其中偏差的较大值
预埋件	中心线位置	5	尺量
	水平高差	+3,0	塞尺量测

第三节 预应力分项工程

扫码看视频

预应力钢筋
绑扎施工

一、制作与安装

1. 施工现场图

预应力筋安装施工现场如图 2-19 所示。

> **一般项目质量验收**
> (1) 预应力筋安装时,其品种、规格、级别和数量必须符合设计要求。
> ★检验方法:观察,尺量。
> (2) 预应力筋的安装位置应符合设计要求。
> ★检验方法:观察,尺量。

图 2-19 预应力筋安装施工现场

2. 重点项目质量验收

(1) 预应力筋端部锚具的制作质量应符合下列规定:

① 钢绞线挤压锚具挤压完成后,预应力筋外端露出挤压套筒的长度不应小于 1mm;

② 钢绞线压花锚具的梨形头尺寸和直线锚固段长度不应小于设计值;

③ 钢丝镦头 (图 2-20) 不应出现横向裂纹,镦头的强度不得低于钢丝强度标准值的 98%。

(2) 预应力筋或成孔管道的安装质量应符合下列规定:

① 成孔管道的连接应密封;

★检验方法：观察，尺量，检查镦头强度试验报告。

图 2-20　钢丝镦头施工现场

② 预应力筋或成孔管道应平顺，并应与定位支撑钢筋绑扎牢固；

③ 锚垫板的承压面应与预应力筋或孔道曲线末端垂直，预应力筋或孔道曲线末端直线段长度应符合表 2-8 的规定；

表 2-8　预应力筋曲线起始点与张拉锚固点之间直线段最小长度

预应力筋张拉控制力 N/kN	直线段最小长度/mm
N≤1500	400
1500＜N≤6000	500
N＞6000	600

④ 当后张有黏结预应力筋曲线孔道波峰和波谷的高差大于 300mm，且采用普通灌浆工艺时，应在孔道波峰设置排气孔。

★检验方法：观察，尺量。

（3）预应力筋或成孔管道定位控制点的竖向位置偏差应符合表 2-9 的规定，其控制点合格率应达到 90％及以上，且尺寸偏差不得超过表中数值 1.5 倍。

表 2-9　预应力筋或成孔管道定位控制点的竖向位置允许偏差

构件截面高(厚)度/mm	允许偏差/mm
h≤300	±5
300＜h≤1500	±10
h＞1500	±15

★检验方法：尺量。

二、张拉与放张

1. 施工现场图

预应力筋张拉施工现场如图 2-21 所示。

2. 重点项目质量验收

（1）预应力筋张拉或放张前，应对构件混凝土强度进行检验。同条件养护的混凝土立方体试件抗压强度应符合设计要求，当设计无要求时应符合下列规定：

① 应符合配套锚固产品技术要求的混凝土最低强度且不应低于设计混凝土强度等级值的 75％；

② 对采用消除应力钢丝或钢绞线作为预应力筋的先张法构件，不应低于 30MPa。

一般项目质量验收
（1）采用应力控制方法张拉时，张拉力下预应力筋的实测伸长值与计算伸长值的相对允许偏差为±6%。
★检验方法：检查张拉记录。
（2）先张法预应力构件，应检查预应力筋张拉后的位置偏差，张拉后预应力筋的位置与设计位置的偏差不应大于5mm，且不应大于构件截面短边边长的4%。
★检验方法：尺量。

图 2-21　预应力筋张拉施工现场

★检验方法：检查同条件养护试件试验报告。

（2）对后张法预应力结构构件，钢绞线出现断裂或滑脱的数量不应超过同一截面钢绞线总根数的 3%，且每根断裂的钢绞线断丝不得超过一丝；对多跨双向连续板，其同一截面应按每跨计算。

★检验方法：观察，检查张拉记录。

（3）先张法预应力筋张拉锚固后，实际建立的预应力值与工程设计规定检验值的相对允许偏差为±5%。

★检验方法：检查预应力筋应力检测记录。

三、灌浆及封锚

1. 施工现场图

预应力钢筋封锚施工现场如图 2-22 所示。

一般项目质量验收
后张法预应力筋锚固后锚具的外露长度不应小于预应力筋直径的1.5倍，且不应小于30mm。
★检验方法：观察，尺量。

图 2-22　预应力钢筋封锚施工现场

2. 重点项目质量验收

（1）预留孔道灌浆后，孔道内水泥浆应饱满、密实。

★检验方法：观察，检查灌浆记录。

（2）现场搅拌的灌浆用水泥浆的性能应符合下列规定：

① 3h 自由泌水率宜为 0，且不应大于 1%，泌水应在 24h 内全部被水泥浆吸收；

② 水泥浆中氯离子含量不应超过水泥重量的 0.06%；

③ 当采用普通灌浆工艺时，24h 自由膨胀率不应大于 6％；当采用真空灌浆工艺时，24h 自由膨胀率不应大于 3％。

★检验方法：检查水泥浆配比性能试验报告。

（3）现场留置的孔道灌浆料试件的抗压强度不应低于 30MPa。

试件抗压强度检验应符合下列规定：

① 每组应留取 6 个边长为 70.7mm 的立方体试件，并应标准养护 28d；

② 试件抗压强度应取 6 个试件的平均值；当一组试件中抗压强度最大值或最小值与平均值相差超过 20％时，应取中间 4 个试件强度的平均值。

★检验方法：检查试件强度试验报告。

第四节　混凝土分项工程

一、混凝土原材料

1. 施工现场图

施工现场的混凝土如图 2-23 所示。

一般项目质量验收
　　混凝土用矿物掺合料进场时，应对其品种、性能、出厂日期等进行检查，并应对矿物掺合料的相关性能指标进行检验，检验结果应符合国家现行有关标准的规定。
　　★检验方法：检查质量证明文件和抽样检验报告。

图 2-23　施工现场的混凝土

2. 重点项目质量验收

（1）水泥进场（图 2-24）时，应对其品种、代号、强度等级、包装或散装仓号、出厂

★检验方法：检查质量证明文件和抽样检验报告。

图 2-24　水泥在施工现场堆放

日期等进行检查，并应对水泥的强度、安定性和凝结时间进行检验，检验结果应符合现行国家标准《通用硅酸盐水泥》（GB 175—2007）的相关规定。

（2）混凝土外加剂进场时，应对其品种、性能、出厂日期等进行检查，并应对外加剂的相关性能指标进行检验，检验结果应符合现行国家标准《混凝土外加剂》（GB 8076—2008）和《混凝土外加剂应用技术规范》（GB 50119—2013）的规定。

★检验方法：检查质量证明文件和抽样检验报告。

（3）水泥、外加剂进场检验，当满足下列条件之一时，其检验批容量可扩大一倍：

① 获得认证的产品；

② 同一厂家、同一品种、同一规格的产品，连续三次进场检验均一次检验合格。

二、混凝土浇筑

扫码看视频

混凝土浇筑施工

1. 施工现场图

混凝土浇筑施工现场如图 2-25 所示。

一般项目质量验收
混凝土的强度等级必须符合设计要求。用于检验混凝土强度的试件应在浇筑地点随机抽取。
★检验方法：检查施工记录及混凝土强度试验报告。

图 2-25　混凝土现场浇筑

2. 重点项目质量验收

（1）后浇带的留设位置应符合设计要求，后浇带（图 2-26）和施工缝的留设及处理方法应符合施工方案要求。

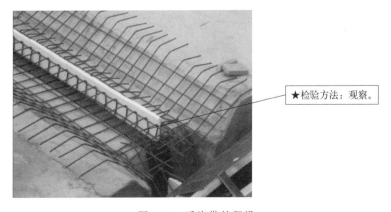

★检验方法：观察。

图 2-26　后浇带的留设

（2）混凝土浇筑完毕后应及时进行养护（图 2-27），养护时间以及养护方法应符合施工方案要求。

★检验方法：观察，
检查混凝土养护记录。

图 2-27　混凝土覆盖养护

第五节　装配式结构分项工程

一、预制构件

1. 施工现场图

预制构件生产如图 2-28 所示。

一般项目质量验收
　　(1) 预制构件应有标识。
　　★检验方法：观察。
　　(2) 预制构件的外观质量不应有一般缺陷。
　　★检验方法：观察，检查处理记录。
　　(3) 预制构件的粗糙面的质量及键槽的数量应符合设计要求。
　　★检验方法：观察。

图 2-28　预制墙板生产

2. 重点项目质量验收

（1）混凝土预制构件专业企业生产的预制构件进场时，预制构件结构性能检验应符合下列规定。

① 梁板类简支受弯预制构件进场时应进行结构性能检验，并应符合下列规定：

a. 钢筋混凝土构件和允许出现裂缝的预应力混凝土构件应进行承载力、挠度和裂缝宽度检验；不允许出现裂缝的预应力混凝土构件应进行承载力、挠度和抗裂检验；

b. 对大型构件及有可靠应用经验的构件，可只进行裂缝宽度、抗裂和挠度检验；

c. 对使用数量较少的构件，当能提供可靠依据时，可不进行结构性能检验。

② 对其他预制构件，除设计有专门要求外，进场时可不做结构性能检验。

③ 对进场时不做结构性能检验的预制构件，应采取下列措施：

a. 施工单位或监理单位代表应驻厂监督制作过程；

b. 当无驻厂监督时，预制构件进场时应对预制构件主要受力钢筋数量、规格、间距及混凝土强度等进行实体检验。

★检验方法：检查结构性能检验报告或实体检验报告。

（2）预制构件的外观质量不应有严重缺陷，且不应有影响结构性能和安装、使用功能的尺寸偏差。预制钢筋混凝土实心板进场检验如图 2-29 所示。

★检验方法：观察，尺量；检查处理记录。

图 2-29 预制钢筋混凝土实心板进场检验

（3）预制构件上的预埋件、预留插筋、预埋管线等的材料质量、规格和数量以及预留孔、预留洞的数量应符合设计要求。

★检验方法：观察。

（4）预制构件的尺寸允许偏差及检验方法应符合表 2-10 的规定；设计有专门规定时，应符合设计要求。施工过程中临时使用的预埋件，其中心线位置允许偏差可取表 2-10 中规定数值的 2 倍。

表 2-10 预制构件尺寸的允许偏差及检验方法

项目			允许偏差/mm	检验方法
长度	楼板、梁、柱、桁架	<12m	±5	尺量
		≥12m 且<18m	±10	
		≥18m	±20	
	墙板		±4	
宽度、高（厚）度	楼板、梁、柱、桁架		±5	尺量一端及中部,取其中偏差绝对值较大处
	墙板		±4	
表面平整度	楼板、梁、柱、墙板内表面		5	2m 靠尺和塞尺量测
	墙板外表面		3	
侧向弯曲	楼板、梁、柱		$l/750$ 且≤20	拉线、直尺量测最大侧向弯曲处
	墙板、桁架		$l/1000$ 且≤20	
翘曲	楼板		$l/750$	调平尺在两端量测
	墙板		$l/1000$	
对角线	楼板		10	尺量两个对角线
	墙板		5	
预留孔	中心线位置		5	尺量
	孔尺寸		±5	
预留洞	中心线位置		10	尺量
	洞口尺寸、深度		±10	

续表

项目		允许偏差/mm	检验方法
预埋件	预埋板中心线位置	5	尺量
	预埋板与混凝土平面高差	0，−5	
	预埋螺栓	2	
	预埋螺栓外露长度	＋10，−5	
	预埋套筒、螺母中心线位置	2	
	预埋套筒、螺母与混凝土面平面高差	±5	
预留插筋	中心线位置	5	尺量
	外露长度	＋10，−5	
键槽	中心线位置	5	尺量
	长度、宽度	±5	
	深度	±10	

注：*l* 为构件长度（mm）。

二、安装与连接

1. 施工现场图

预制构件安装现场如图 2-30 所示。

一般项目质量验收
（1）装配式结构采用现浇混凝土连接构件时，构件连接处后浇混凝土的强度应符合设计要求。
★检验方法：检查混凝土强度试验报告。
（2）装配式结构施工后，其外观质量不应有严重缺陷，且不应有影响结构性能和安装、使用功能的尺寸偏差。
★检验方法：观察，量测；检查处理记录。

图 2-30 预制楼板安装现场

2. 重点项目质量验收

（1）预制构件临时固定措施的安装质量应符合施工方案的要求。

★检验方法：观察。

（2）钢筋采用套筒灌浆连接或浆锚搭接连接时，灌浆应饱满、密实。

★检验方法：检查灌浆记录。

（3）钢筋采用套筒灌浆连接或浆锚搭接连接时，其连接接头质量应符合国家现行相关标准的规定。

★检验方法：检查质量证明文件及平行加工试件的检验报告。

（4）钢筋采用焊接连接时，其接头质量应符合现行行业标准《钢筋焊接及验收规程》（JGJ 18—2012）的规定。

★检验方法：检查质量证明文件及平行加工试件的检验报告。

（5）钢筋采用机械连接时，其接头质量应符合现行行业标准《钢筋机械连接技术规程》（JGJ 107—2016）的规定。

★检验方法：检查质量证明文件、施工记录及平行加工试件的检验报告。

（6）预制构件采用焊接、螺栓连接等连接方式时，其材料性能及施工质量应符合国家现行标准《钢结构工程施工质量验收标准》（GB 50205—2020）和《钢筋焊接及验收规程》（JGJ 18—2012）的相关规定。

★检验方法：检查施工记录及平行加工试件的检验报告。

（7）装配式结构施工后，预制构件位置、尺寸偏差及检验方法应符合设计要求；当设计无具体要求时，应符合表 2-11 的规定。预制构件与现浇结构连接部位的表面平整度应符合表 2-11 的规定。

表 2-11　装配式结构构件位置和尺寸允许偏差及检验方法

项目			允许偏差/mm	检验方法
构件轴线位置	竖向构件（柱、墙板、桁架）		8	经纬仪及尺量
	水平构件（梁、楼板）		5	
标高	梁、柱、墙板 楼板底面或顶面		±5	水准仪或拉线、尺量
构件垂直度	柱、墙板安装 后的高度	≤6m	5	经纬仪或吊线、尺量
		>6m	10	
构件倾斜度	梁、桁架		5	经纬仪或吊线、尺量
相邻构件平整度	梁、楼板底面	外露	5	2m 靠尺和塞尺量测
		不外露	3	
	柱、墙板	外露	5	
		不外露	8	
构件搁置长度	梁、板		±10	尺量
支座、支垫中心位置	板、梁、柱、墙板、桁架		10	尺量
墙板接缝宽度			±5	尺量

第三章

砌体结构工程施工质量验收

扫码看视频

砖砌体砌筑

第一节　砖砌体与石砌体工程

一、砖砌体

1. 施工现场图

砖砌体施工现场如图 3-1 所示。

> **一般项目质量验收**
> 　　砖砌体组砌方法应正确，内外搭砌，上、下错缝。清水墙、窗间墙无通缝；混水墙中不得有长度大于300mm的通缝，长度200～300mm的通缝每间不超过3处，且不得位于同一面墙体上。砖柱不得采用包心砌法。
> 　　★检验方法：观察检查。砌体组砌方法抽检每处应为3～5m。

图 3-1　砖砌体砌筑施工现场

2. 重点项目质量验收

（1）砖砌体的灰缝（图 3-2）应横平竖直、厚薄均匀，水平灰缝厚度及竖向灰缝宽度宜为 10mm 左右，但不应小于 8mm，也不应大于 12mm。

（2）砌体灰缝砂浆应密实饱满，砖墙水平灰缝（图 3-3）的砂浆饱满度不得低于 80％；砖柱水平灰缝和竖向灰缝饱满度不得低于 90％。

（3）砖砌体的转角处和交接处应同时砌筑，严禁无可靠措施的内外墙分砌施工。在抗震设防烈度为 8 度及 8 度以上地区，对不能同时砌筑而又必须留置的临时间断处应砌成斜槎（图 3-4），普通砖砌体斜槎水平投影长度不应小于高度的 2/3，多孔砖砌体的斜槎长高比不应小于 1/2。斜槎高度不得超过一步脚手架的高度。

（4）砖砌体尺寸、位置的允许偏差及检验应符合表 3-1 的规定。

★检验方法：水平灰缝厚度用尺量10皮砖砌体高度折算；竖向灰缝宽度用尺量2m砌体长度折算。

图 3-2　砖墙现场施工灰缝留置

★检验方法：用百格网检查砖底面与砂浆的黏结痕迹面积，每处检测3块砖，取其平均值。

图 3-3　砖墙水平灰缝

★检验方法：观察检查。

图 3-4　留置斜槎

表 3-1　砖砌体尺寸、位置的允许偏差及检验方法

项目			允许偏差/mm	检验方法	抽检数量
轴线位移			10	用经纬仪和尺或用其他测量仪器检查	承重墙、柱全数检查
基础、墙、柱顶面标高			±15	用水准仪和尺检查	不应少于5处
墙面垂直度	每层		5	用2m托线板检查	不应少于5处
	全高	≤10m	10	用经纬仪、吊线和尺或用其他测量仪器检查	外墙全部阳角
		>10m	20		
表面平整度	清水墙、柱		5	用2m靠尺和楔形塞尺检查	不应少于5处
	清水墙、柱		8		
水平灰缝平直度	清水墙		7	拉5m线和尺检查	不应少于5处
	混水墙		10		

续表

项目	允许偏差/mm	检验方法	抽检数量
门窗洞口高、宽（后塞口）	±10	用尺检查	不应少于5处
外墙上下窗口偏移	20	以底层窗口为准，用经纬仪或吊线检查	不应少于5处
清水墙游丁走缝	20	以每层第一皮砖为准，用吊线和尺检查	不应少于5处

二、石砌体

1. 施工现场图

石砌体施工现场如图3-5所示。

一般项目质量验收
石材及砂浆强度等级必须符合设计要求。
★检验方法：料石检查产品质量证明书，石材、砂浆检查试块试验报告。

图3-5　石砌体砌筑施工现场

2. 重点项目质量验收

（1）砌体灰缝的砂浆饱满度不应小于80％。石砌体挡土墙砌筑如图3-6所示。

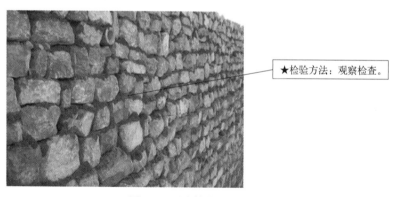

★检验方法：观察检查。

图3-6　石砌体挡土墙砌筑

（2）石砌体尺寸、位置的允许偏差及检验方法应符合表3-2的规定。

表3-2　石砌体尺寸、位置的允许偏差及检验方法

项目	允许偏差/mm							检验方法
	毛石砌体		料石砌体					
	基础	墙	毛料石		粗料石		细料石	
			基础	墙	基础	墙	墙、柱	
轴线位置	20	15	20	15	15	10	10	用经纬仪和尺检查，或用其他测量仪器检查
基础和墙砌体顶面标高	±25	±15	±25	±15	±15	±15	±10	用水准仪和尺检查

续表

项目		允许偏差/mm						检验方法
		毛石砌体		料石砌体				
				毛料石		粗料石		细料石	
		基础	墙	基础	墙	基础	墙	墙、柱	
砌体厚度		+30	+20 −10	+30	+20 −10	+15	+10 −5	+10 −5	用尺检查
墙面垂直度	每层	—	20	—	20	—	10	7	用经纬仪、吊线和尺检查或用其他测量仪器检查
	全高	—	30	—	30	—	25	10	
表面平整度	清水墙、柱	—	—	—	20	—	10	5	细料石用 2m 靠尺和楔形塞尺检查，其他用两直尺垂直于灰缝拉 2m 线和尺检查
	混水墙、柱	—	—	—	20	—	15	—	
清水墙水平灰缝平直度		—	—	—	—	—	10	5	拉 10m 线和尺检查

第二节　其他砌体工程

一、混凝土小型空心砌块砌体

1. 施工现场图

混凝土小型空心砌块砌体施工现场如图 3-7 所示。

> **一般项目质量验收**
> 砌体的水平灰缝厚度和竖向灰缝宽度宜为10mm左右，但不应小于8mm，也不应大于12mm。
> ★检验方法：水平灰缝厚度用尺量5皮小砌块的高度折算；竖向灰缝宽度用尺量2m砌体长度折算。

图 3-7　混凝土小型空心砌块砌体施工

2. 重点项目质量验收

（1）砌体水平灰缝和竖向灰缝的砂浆饱满度，按净面积计算不得低于 90%。混凝土小型空心砌块施工质量检验如图 3-8 所示。

（2）墙体转角处（图 3-9）和纵横交接处应同时砌筑。临时间断处应砌成斜槎，斜槎水平投影长度不应小于斜槎高度。施工洞口可预留直槎，但在洞口砌筑和补砌时，应在直槎上下搭砌的小砌块孔洞内用强度等级不低于 C20（或 Cb20）的混凝土灌实。

（3）小砌块砌体的芯柱在楼盖处应贯通，不得削弱芯柱截面尺寸；芯柱混凝土不得漏灌。

★检验方法：观察检查。

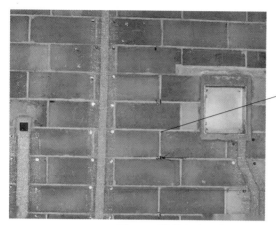

★检验方法：用专用百格网检测小砌块与砂浆黏结痕迹，每处检测3块小砌块，取其平均值。

图 3-8　混凝土小型空心砌块施工质量检验

★检验方法：观察检查。

图 3-9　墙体转角处砌筑施工

二、配筋砌体

1. 施工现场图

配筋砌体施工现场如图 3-10 所示。

一般项目质量验收

网状配筋砖砌体中，钢筋网规格及放置间距应符合设计规定。每一构件钢筋网沿砌体高度位置超过设计规定一皮砖厚不得多于一处

★检验方法：通过钢筋网成品检查钢筋规格，钢筋网放置间距采用局部剔缝观察，或用探针刺入灰缝内检查，或用钢筋位置测定仪测定。

图 3-10　配筋砌体施工现场

2. 重点项目质量验收

（1）设置在砌体灰缝中钢筋（图 3-11）的防腐保护应符合规定，且钢筋防护层完好，不应有肉眼可见裂纹、剥落和擦痕等缺陷。

（2）构造柱（图 3-12）、芯柱、组合砌体构件、配筋砌体剪力墙构件的混凝土及砂浆的

★检验方法：观察检查。

图 3-11　墙体砌筑中设置钢筋

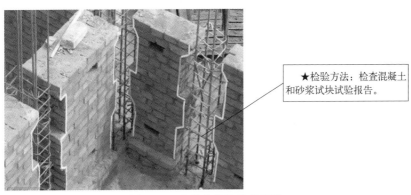

★检验方法：检查混凝土和砂浆试块试验报告。

图 3-12　砌体中构造柱的设置

强度等级应符合设计要求。

（3）构造柱与墙体的连接应符合下列规定：

① 墙体应砌成马牙槎（图 3-13），马牙槎凹凸尺寸不宜小于 60mm，高度不应超过 300mm，马牙槎应先退后进，对称砌筑；马牙槎尺寸偏差每一构造柱不应超过 2 处；

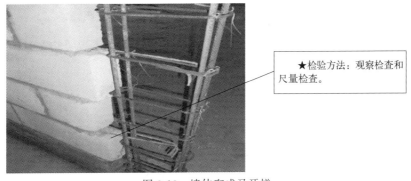

★检验方法：观察检查和尺量检查。

图 3-13　墙体砌成马牙槎

② 预留拉结钢筋（图 3-14）的规格、尺寸、数量及位置应正确，拉结钢筋应沿墙高每隔 500mm 设 2Φ6，伸入墙内不宜小于 600mm，钢筋的竖向移位不应超过 100mm，且竖向移位每一构造柱不得超过 2 处；

★检验方法：观察检查和尺量检查。

图 3-14　预留拉结钢筋设置

③ 施工中不得任意弯折拉结钢筋。

★检验方法：观察检查和尺量检查。

（4）配筋砌体中受力钢筋的连接方式及锚固长度、搭接长度应符合设计要求。

★检验方法：观察检查。

（5）构造柱一般尺寸允许偏差及检验方法应符合表 3-3 的规定。

表 3-3　构造柱一般尺寸允许偏差及检验方法

项目			允许偏差/mm	检验方法
中心线位置			10	用经纬仪和尺检查或用其他测量仪器检查
层间错位			8	用经纬仪和尺检查或用其他测量仪器检查
垂直度	每层		10	用 2m 托线板检查
	全高	≤10m	15	用经纬仪、吊线和尺检查或用其他测量仪器检查
		>10m	20	

三、填充墙砌体

扫码看视频

填充墙砌筑

1. 施工现场图

填充墙砌体施工现场如图 3-15 所示。

一般项目质量验收
　　填充墙留置的拉结钢筋或网片的位置应与块体皮数相符合。拉结钢筋或网片应置于灰缝中，埋置长度应符合设计要求，竖向位置偏差不应超过一皮高度。
　　★检验方法：观察和用尺量检查。

图 3-15　填充墙砌体施工现场

2. 重点项目质量验收

（1）砌筑填充墙时应错缝搭砌（图 3-16）；蒸压加气混凝土砌块搭砌长度不应小于砌块长度的 1/3；轻骨料混凝土小型空心砌块搭砌长度不应小于 90mm；竖向通缝不应大于 2 皮。

★检验方法：观察检查。

图 3-16 填充墙错缝搭砌

（2）填充墙的水平灰缝厚度和竖向灰缝宽度应正确（图 3-17），烧结空心砖、轻骨料混凝土小型空心砌块砌体的灰缝应为 8～12mm；蒸压加气混凝土砌块砌体当采用水泥砂浆、水泥混合砂浆或蒸压加气混凝土砌块砌筑砂浆时，水平灰缝厚度和竖向灰缝宽度不应超过 15mm；当蒸压加气混凝土砌块砌体采用蒸压加气混凝土砌块黏结砂浆时，水平灰缝厚度和竖向灰缝宽度宜为 3～4mm。

★检验方法：水平灰缝厚度用尺量5皮小砌块的高度折算；竖向灰缝宽度用尺量2m砌体长度折算。

图 3-17 填充墙灰缝质量检查

（3）烧结空心砖（图 3-18）、小砌块和砌筑砂浆的强度等级应符合设计要求。

★检验方法：查砖、小砌块进场复验报告和砂浆试块试验报告。

图 3-18 烧结空心砖

（4）填充墙砌体应与主体结构可靠连接，其连接构造应符合设计要求，未经设计同意，不得随意改变连接构造方法。每一填充墙与柱的拉结筋的位置超过一皮块体高度的数量不得多于一处。

★检验方法：观察检查。

（5）填充墙与承重墙、柱、梁的连接钢筋，当采用化学植筋（图3-19）的连接方式时，应进行实体检测。锚固钢筋拉拔试验的轴向受拉非破坏承载力检验值应为6.0kN。抽检钢筋在检验值荷载作用下应基材无裂缝、钢筋无滑移及无宏观裂损现象；持荷2min期间荷载值降低不大于5%。

★检验方法：原位试验检查。

图 3-19 填充墙化学植筋

（6）填充墙砌体尺寸、位置的允许偏差及检验方法应符合表3-4的规定。

表 3-4 填充墙砌体尺寸、位置的允许偏差及检验方法

项目		允许偏差/mm	检验方法
轴线位移		10	用尺检查
垂直度（每层）	≤3m	5	用2m托线板或吊线、尺检查
	>3m	10	
表面平整度		8	用2m靠尺和楔形尺检查
门窗洞口高、宽（后塞口）		±10	用尺检查
外墙上、下窗口偏移		20	用经纬仪或吊线检查

第四章

屋面工程施工质量验收

第一节 **基层与保护工程**

一、找坡层和找平层

1. 施工现场图

屋面找平层施工现场如图 4-1 所示。

一般项目质量验收
 (1) 找坡层和找平层所用材料的质量及配合比,应符合设计要求。
 ★**检验方法**:检查出厂合格证、质量检验报告和计量措施。
 (2) 找坡层和找平层的排水坡度,应符合设计要求。
 ★**检验方法**:坡度尺检查。

图 4-1　屋面找平层施工现场

2. 重点项目质量验收

(1) 找平层应抹平、压光(图 4-2),不得有酥松、起砂、起皮现象。

★**检验方法**:观察检查。

图 4-2　找平层压光施工

（2）卷材防水层的基层与凸出屋面结构的交接处，以及基层的转角处，找平层应做成圆弧形，且应整齐平顺。

★检验方法：观察检查。

（3）找平层分格缝（图4-3）的宽度和间距，均应符合设计要求。

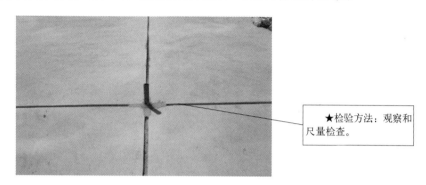

★检验方法：观察和尺量检查。

图4-3 找平层分格缝的留置

（4）找坡层表面平整度的允许偏差为7mm，找平层表面平整度的允许偏差为5mm。

★检验方法：2m靠尺和塞尺检查。

二、隔汽层

1. 施工现场图

屋面隔汽层施工现场如图4-4所示。

一般项目质量验收

（1）隔汽层所用材料的质量，应符合设计要求。

★检验方法：检查出厂合格证、质量检验报告和进场检验报告。

（2）隔汽层不得有破损现象。

★检验方法：观察检查。

图4-4 屋面隔汽层施工现场

2. 重点项目质量验收

（1）卷材隔汽层（图4-5）应铺设平整，卷材搭接缝应黏结牢固，密封应严密，不得有扭曲、皱褶和起泡等缺陷。

（2）涂膜隔汽层（图4-6）应黏结牢固，表面平整，涂布均匀，不得有堆积、起泡和露底等缺陷。

★检验方法：观察检查。

图 4-5　卷材隔汽层铺设

★检验方法：观察检查。

图 4-6　涂膜隔汽层施工

三、隔离层

1. 施工现场图

屋面隔离层施工现场如图 4-7 所示。

一般项目质量验收
　（1）隔离层所用材料的质量及配合比，应符合设计要求。
　★检验方法：检查出厂合格证和计量措施。
　（2）隔离层不得有破损和漏铺现象。
　★检验方法：观察检查。

图 4-7　屋面隔离层施工现场

2. 重点项目质量验收

（1）塑料膜（图 4-8）、土工布、卷材应铺设平整，其搭接宽度不应小于 50mm，不得有皱褶。

（2）低强度等级砂浆表面应压实、平整，不得有起壳、起砂现象。

★检验方法：观察检查。

★检验方法：观察和尺量检查。

图 4-8   塑料膜铺设

四、保护层

1. 施工现场图

屋面保护层施工现场如图 4-9 所示。

一般项目质量验收
　　（1）保护层所用材料的质量及配合比，应符合设计要求。
　　★检验方法：检查出厂合格证、质量检验报告和计量措施。
　　（2）保护层的排水坡度，应符合设计要求。
　　★检验方法：坡度尺检查。

图 4-9   屋面保护层施工现场

2. 重点项目质量验收

（1）块体材料、水泥砂浆（图 4-10）或细石混凝土保护层的强度等级，应符合设计要求。

★检验方法：检查块体材料、水泥砂浆或混凝土抗压强度试验报告。

图 4-10   屋面保护层水泥砂浆喷射

（2）块体材料保护层表面应干净，接缝应平整，周边应顺直，镶嵌应正确，应无空鼓现象。

★检查方法：小锤轻击和观察检查。

（3）水泥砂浆、细石混凝土保护层不得有裂纹、脱皮、麻面和起砂等现象。

★检验方法：观察检查。

（4）浅色涂料应与防水层黏结牢固，厚薄应均匀，不得漏涂。

★检验方法：观察检查。

（5）保护层的允许偏差和检验方法应符合表 4-1 的规定。

表 4-1　保护层的允许偏差和检验方法

项目	允许偏差/mm			检验方法
	块体材料	水泥砂浆	细石料混凝土	
表面平整度	4.0	4.0	5.0	2m 靠尺和塞尺检查
缝格平直	3.0	3.0	3.0	拉线和尺量检查
接缝高低差	1.5	—	—	直尺和塞尺检查
板块间隙宽度	2.0	—	—	尺量检查
保护层厚度	设计厚度的 10%，且不得大于 5mm			钢针插入和尺量检查

第二节　保温与隔热工程

一、板状材料保温层

1. 施工现场图

板状材料保温层施工现场如图 4-11 所示。

一般项目质量验收
（1）板状保温材料的质量，应符合设计要求。
★检验方法：检查出厂合格证、质量检验报告和进场检验报告。
（2）屋面热桥部位处理应符合设计要求。
★检验方法：观察检查。

图 4-11　板状材料保温层施工现场

2. 重点项目质量验收

（1）板状材料保温层（图 4-12）的厚度应符合设计要求，其正偏差不限，负偏差应为 5% 以内，且不得大于 4mm。

（2）板状保温材料铺设应紧贴基层，应铺平垫稳，拼缝应严密，粘贴应牢固。

★检验方法：观察检查。

（3）固定件（图 4-13）的规格、数量和位置均应符合设计要求；垫片应与保温层表面齐平。

★检验方法：钢针插入和尺量检查。

图 4-12　板状材料保温层铺设

★检验方法：观察检查。

图 4-13　固定件安装

（4）板状材料保温层表面平整度的允许偏差为 5mm。

★检验方法：2m 靠尺和塞尺检查。

（5）板状材料保温层接缝高低差的允许偏差为 2mm。

★检验方法：直尺和塞尺检查。

二、纤维材料保温层

1. 施工现场图

纤维材料保温层施工现场如图 4-14 所示。

一般项目质量验收
（1）纤维保温材料的质量，应符合设计要求。
★检验方法：检查出厂合格证、质量检验报告和进场检验报告。
（2）屋面热桥部位处理应符合设计要求。
★检验方法：观察检查。

图 4-14　纤维材料保温层施工现场

2. 重点项目质量验收

（1）纤维材料保温层的厚度应符合设计要求，其正偏差不限，毡不得有负偏差，板负偏差应为 4% 以内，且不得大于 3mm。

★检验方法：钢针插入和尺量检查。

（2）纤维保温材料铺设应紧贴基层，拼缝应严密，表面应平整。

★检验方法：观察检查。

（3）固定件的规格、数量和位置应符合设计要求；垫片应与保温层表面齐平。

★检验方法：观察检查。

（4）装配式骨架和水泥纤维板（图 4-15）应铺钉牢固，表面应平整；龙骨间距和板材厚度应符合设计要求。

★检验方法：观察和尺量检查。

图 4-15 水泥纤维板

（5）具有抗水蒸气渗透外覆面的玻璃棉制品，其外覆面应朝向室内，拼缝应用防水密封胶带封严。

★检验方法：观察检查。

三、喷涂硬泡聚氨酯保温层

1. 施工现场图

喷涂硬泡聚氨酯保温层施工现场如图 4-16 所示。

一般项目质量验收
（1）喷涂硬泡聚氨酯所用原材料的质量及配合比，应符合设计要求。
★检验方法：检查原材料出厂合格证、质量检验报告和计量措施。
（2）屋面热桥部位处理应符合设计要求。
★检验方法：观察检查。

图 4-16 喷涂硬泡聚氨酯保温层施工现场

2. 重点项目质量验收

（1）喷涂硬泡聚氨酯保温层的厚度应符合设计要求，其正偏差不限，不得有负偏差。

★检验方法：钢针插入和尺量检查。

（2）喷涂硬泡聚氨酯应分遍喷涂，黏结应牢固，表面应平整，找坡应正确。

★检验方法：观察检查。

（3）喷涂硬泡聚氨酯保温层表面平整度的允许偏差为5mm。

★检验方法：2m靠尺和塞尺检查。

四、现浇泡沫混凝土保温层

1. 施工现场图

现浇泡沫混凝土保温层施工现场如图4-17所示。

一般项目质量验收
（1）现浇泡沫混凝土所用原材料的质量及配合比，应符合设计要求。
★检验方法：检查原材料出厂合格证、质量检验报告和计量措施。
（2）现浇泡沫混凝土应分层施工，黏结应牢固，表面应平整，找坡应正确。
★检验方法：观察检查。

图 4-17 现浇泡沫混凝土保温层施工现场

2. 重点项目质量验收

（1）现浇泡沫混凝土（图4-18）保温层的厚度应符合设计要求，其正负偏差应为5%以内，且不得大于5mm。

★检验方法：钢针插入和尺量检查。

图 4-18 泡沫混凝土现场浇筑

（2）屋面热桥部位处理应符合设计要求。

★检验方法：观察检查。

（3）现浇泡沫混凝土不得有贯通性裂缝，以及疏松、起砂、起皮现象。

★检验方法：观察检查。

（4）现浇泡沫混凝土保温层表面平整度的允许偏差为5mm。

★检验方法：2m 靠尺和塞尺检查。

五、种植隔热层

1. 施工现场图

种植隔热层施工现场如图 4-19 所示。

一般项目质量验收
　　（1）种植隔热层所用材料的质量，应符合设计要求。
　　★检验方法：检查出厂合格证和质量检验报告。
　　（2）排水层应与排水系统连通。
　　★检验方法：观察检查。

图 4-19　种植隔热层施工现场

2. 重点项目质量验收

（1）挡墙或挡板泄水孔的留设应符合设计要求，并不得堵塞。

★检验方法：观察和尺量检查。

（2）陶粒应铺设平整、均匀，厚度应符合设计要求。

★检验方法：观察和尺量检查。

（3）排水板（图 4-20）应铺设平整，接缝方法应符合国家现行有关标准的规定。

★检验方法：观察和尺量检查。

图 4-20　排水板铺设施工

（4）过滤层土工布（图 4-21）应铺设平整、接缝严密，其搭接宽度的允许偏差为−10mm。

★检验方法：观察和尺量检查。

图 4-21　过滤层土工布铺设

（5）种植土应铺设平整、均匀，其厚度的允许偏差为±5％，且不得大于30mm。

★检验方法：尺量检查。

六、架空隔热层

1. 施工现场图

架空隔热层施工现场如图4-22所示。

一般项目质量验收

（1）架空隔热制品的质量，应符合设计要求。

★检验方法：检查材料或构件合格证和质量检验报告。

（2）架空隔热制品的铺设应平整、稳固，缝隙勾填应密实。

★检验方法：观察检查。

图4-22　架空隔热层施工现场

2. 重点项目质量验收

（1）架空隔热制品距山墙或女儿墙不得小于250mm。

★检验方法：观察和尺量检查。

（2）架空隔热制品接缝高低差的允许偏差为3mm。

★检验方法：直尺和塞尺检查。

（3）架空隔热层的高度及通风屋脊、变形缝做法，应符合设计要求。

★检验方法：观察和尺量检查。

第三节　防水与密封工程

一、卷材防水层

1. 施工现场图

屋面卷材防水层施工现场如图4-23所示。

一般项目质量验收

（1）防水卷材及其配套材料的质量，应符合设计要求。

★检验方法：检查出厂合格证、质量检验报告和进场检验报告。

（2）卷材防水层不得有渗漏和积水现象。

★检验方法：雨后观察或淋水、蓄水试验。

图4-23　屋面卷材防水层施工现场

2. 重点项目质量验收

（1）卷材防水层在檐口、檐沟、天沟、水落口、泛水、变形缝和伸出屋面管道的防水构造，应符合设计要求。

★检验方法：观察检查。

（2）卷材的搭接缝（图4-24）应黏结或焊接牢固，密封应严密，不得扭曲、皱褶和翘边。

★检验方法：观察检查。

图4-24　卷材的搭接缝焊接

（3）卷材防水层的收头应与基层黏结，钉压应牢固，密封应严密。

★检验方法：观察检查。

（4）卷材防水层的铺贴（图4-25）方向应正确，卷材搭接宽度的允许偏差为−10mm。

★检验方法：观察和尺量检查。

图4-25　防水卷材铺贴施工

（5）屋面排汽构造的排汽道应纵横贯通，不得堵塞；排汽管应安装牢固，位置应正确，封闭应严密。

★检验方法：观察检查。

二、涂膜防水层

1. 施工现场图

涂膜防水层施工现场如图4-26所示。

2. 重点项目质量验收

（1）涂膜防水层在檐口、檐沟、天沟、水落口、泛水、变形缝和伸出屋面管道的防水构造，应符合设计要求。

★检验方法：观察检查。

一般项目质量验收
　　（1）防水涂料和胎体增强材料的质量，应符合设计要求。
　　★检验方法：检查出厂合格证、质量检验报告和进场检验报告。
　　（2）涂膜防水层不得有渗漏和积水现象。
　　★检验方法：雨后观察或淋水、蓄水试验。

图 4-26　涂膜防水层施工现场

　　（2）涂膜防水层（图 4-27）的平均厚度应符合设计要求，且最小厚度不得小于设计厚度的 80%。

★检验方法：针测法或取样量测。

图 4-27　涂膜防水层涂刷作业

　　（3）涂膜防水层与基层应黏结牢固，表面应平整，涂布应均匀，不得有流淌、皱褶、起泡和露胎体等缺陷。

　　★检验方法：观察检查。

　　（4）涂膜防水层的收头应用防水涂料多遍涂刷。

　　★检验方法：观察检查。

　　（5）铺贴胎体增强材料应平整顺直，搭接尺寸应准确，应排除气泡，并应与涂料黏结牢固；胎体增强材料搭接宽度的允许偏差为 −10mm。

　　★检验方法：观察和尺量检查。

三、复合防水层

1. 施工现场图

复合防水层施工现场如图 4-28 所示。

2. 重点项目质量验收

　　（1）复合防水层在天沟、檐沟、檐口、水落口、泛水、变形缝和伸出屋面管道的防水构造，应符合设计要求。

　　★检验方法：观察检查。

　　（2）卷材与涂膜应粘贴牢固（图 4-29），不得有空鼓和分层现象。

一般项目质量验收
　　(1) 复合防水层所用防水材料及其配套材料的质量，应符合设计要求。
　　★检验方法：检查出厂合格证、质量检验报告和进场检验报告。
　　(2) 复合防水层不得有渗漏和积水现象。
　　★检验方法：雨后观察或淋水、蓄水试验。

图 4-28　复合防水层施工现场

★检验方法：观察检查。

图 4-29　卷材铺设在涂膜层上部

（3）复合防水层的总厚度应符合设计要求。

★检验方法：针测法或取样量测。

四、接缝密封防水

1. 施工现场图

屋面接缝密封防水施工现场如图 4-30 所示。

一般项目质量验收
　　(1) 密封材料及其配套材料的质量，应符合设计要求。
　　★检验方法：检查出厂合格证、质量检验报告和进场检验报告。
　　(2) 密封材料嵌填应密实、连续、饱满，黏结牢固，不得有气泡、开裂、脱落等缺陷。
　　★检验方法：观察检查。

图 4-30　屋面接缝密封防水施工现场

2. 重点项目质量验收

（1）接缝宽度和密封材料（图 4-31）的嵌填深度应符合设计要求，接缝宽度的允许偏差为±10%。

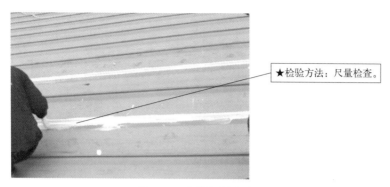

★检验方法：尺量检查。

图 4-31 密封材料嵌填

（2）嵌填的密封材料表面应平滑，缝边应顺直，应无明显不平和周边污染现象。

★检验方法：观察检查。

第四节 瓦面与板面工程

一、烧结瓦和混凝土瓦铺装

1. 施工现场图

烧结瓦铺装施工现场如图 4-32 所示。

一般项目质量验收
　（1）瓦材及防水垫层的质量，应符合设计要求。
　★检验方法：检查出厂合格证、质量检验报告和进场检验报告。
　（2）烧结瓦、混凝土瓦屋面不得有渗漏现象。
　★检验方法：雨后观察或淋水试验。

图 4-32 烧结瓦铺装施工现场

2. 重点项目质量验收

（1）瓦片必须铺置牢固。在大风及地震设防地区或屋面坡度大于 100% 时，应按设计要求采取固定加强措施。

★检验方法：观察或手扳检查。

（2）挂瓦条（图 4-33）应分档均匀，铺钉应平整、牢固；瓦面应平整，行列应整齐，搭接应紧密，檐口应平直。

（3）脊瓦（图 4-34）应搭盖正确，间距应均匀，封固应严密；正脊和斜脊应顺直，应无起伏现象。

（4）泛水做法应符合设计要求，并应顺直整齐、结合严密。

★检验方法：观察检查。

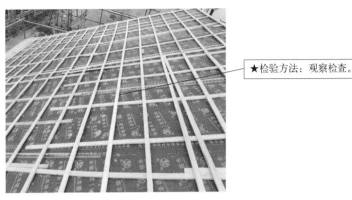

★检验方法：观察检查。

图 4-33 挂瓦条施工

★检验方法：观察检查。

图 4-34 脊瓦安装施工

（5）烧结瓦和混凝土瓦铺装的有关尺寸，应符合设计要求。

★检验方法：尺量检查。

二、沥青瓦铺装

1. 施工现场图

沥青瓦铺装施工现场如图 4-35 所示。

一般项目质量验收
（1）沥青瓦及防水垫层的质量，应符合设计要求。
★检验方法：检查出厂合格证、质量检验报告和进场检验报告。
（2）沥青瓦屋面不得有渗漏现象。
★检验方法：雨后观察或淋水试验。

图 4-35 沥青瓦铺装施工现场

2. 重点项目质量验收

（1）沥青瓦铺设应搭接正确，瓦片外露部分不得超过切口长度。

★检验方法：观察检查。

（2）沥青瓦所用固定钉应垂直钉入持钉层（图 4-36），钉帽不得外露。

★检验方法：观察检查。

图 4-36　沥青瓦采用固定钉固定

（3）沥青瓦应与基层粘钉牢固，瓦面应平整，檐口应平直。

★检验方法：观察检查。

（4）泛水做法应符合设计要求，并应顺直整齐、结合紧密。

★检验方法：观察检查。

（5）沥青瓦铺装的有关尺寸，应符合设计要求。

★检验方法：尺量检查。

三、金属板铺装

1. 施工现场图

金属板屋面铺装施工现场如图 4-37 所示。

一般项目质量验收
　　（1）金属板材及其辅助材料的质量，应符合设计要求。
　　★检验方法：检查出厂合格证、质量检验报告和进场检验报告。
　　（2）金属板屋面不得有渗漏现象。
　　★检验方法：雨后观察或淋水试验。

图 4-37　金属板屋面铺装施工现场

2. 重点项目质量验收

（1）金属板铺装应平整、顺滑；排水坡度应符合设计要求。

★检验方法：坡度尺检查。

（2）压型金属板的咬口锁边连接应严密、连续、平整，不得扭曲和裂口现象。

★检验方法：观察检查。

（3）压型金属板的紧固件连接应采用带防水垫圈的自攻螺钉，固定点应设在波峰上；所有自攻螺钉外露的部位均应密封处理。压型金属板的固定如图 4-38 所示。

（4）金属面绝热夹芯板的纵向和横向搭接，应符合设计要求。

★检验方法：观察检查。

图 4-38 压型金属板的固定

★检验方法：观察检查。

（5）金属板的屋脊（图 4-39）、檐口、泛水，直线段应顺直，曲线段应顺畅。

★检验方法：观察检查。

图 4-39 金属板屋脊处安装施工

（6）金属板材铺装的允许偏差和检验方法，应符合表 4-2 的规定。

表 4-2 金属板铺装的允许偏差和检验方法

项目	允许偏差/mm	检验方法
檐口与屋脊的平行度	15	拉线和尺量检查
金属板对屋脊的垂直度	单坡长度的 1/800,且不大于 25	
金属板咬缝的平整度	10	
檐口相邻两板的端部错位	6	
金属板铺装的有关尺寸	符合设计要求	尺量检查

四、玻璃采光顶铺装

1. 施工现场图

玻璃采光顶铺装现场如图 4-40 所示。

一般项目质量验收

（1）采光顶玻璃及其配套材料的质量，应符合设计要求。

★检验方法：检查出厂合格证和质量检验报告。

（2）玻璃采光顶不得有渗漏现象。

★检验方法：雨后观察或淋水试验。

图 4-40 玻璃采光顶铺装现场

2. 重点项目质量验收

（1）硅酮（聚硅氧烷）耐候密封胶的打注（图4-41）应密实、连续、饱满，黏结应牢固，不得有气泡、开裂、脱落等缺陷。

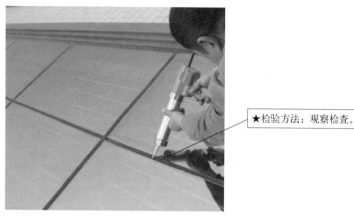

★检验方法：观察检查。

图4-41　玻璃采光顶打胶

（2）玻璃采光顶铺装应平整、顺直；排水坡度应符合设计要求。

★检验方法：观察和坡度尺检查。

（3）玻璃采光顶的冷凝水收集和排除构造，应符合设计要求。

★检验方法：观察检查。

（4）明框玻璃采光顶的外露金属框或压条应横平竖直，压条安装应牢固；隐框玻璃采光顶的玻璃分格拼缝应横平竖直、均匀一致。

★检验方法：观察和手扳检查。

（5）点支承玻璃采光顶的支承装置应安装牢固，配合应严密；支承装置不得与玻璃直接接触。

★检验方法：观察检查。

（6）采光顶玻璃的密封胶缝应横平竖直，深浅应一致，宽窄应均匀，应光滑顺直。

★检验方法：观察检查。

（7）明框玻璃采光顶铺装的允许偏差和检验方法，应符合表4-3的规定。

表4-3　明框玻璃采光顶铺装的允许偏差和检验方法

项目		允许偏差/mm		检验方法
		铝构件	钢构件	
通长构件水平度	构件长度≤30m	10	15	水准仪检查
	构件长度≤60m	15	20	
	构件长度≤90m	20	25	
	构件长度≤150m	25	30	
	构件长度＞150m	30	35	
单一构件直线度（纵向或横向）	构件长度≤2m	2	3	拉线和尺量检查
	构件长度＞2m	3	4	
相邻构件平面高低差		1	2	直尺和塞尺检查
通长构件直线度（纵向或横向）	构件长度≤35m	5	7	经纬仪检查
	构件长度＞35m	7	9	
分格框对角线差	构件长度≤2m	3	4	尺量检查
	构件长度＞2m	3.5	5	

（8）隐框玻璃采光顶铺装的允许偏差和检验方法，应符合表 4-4 的规定。

表 4-4　隐框玻璃采光顶铺装的允许偏差和检验方法

项目		允许偏差/mm	检验方法
通长接缝水平度（纵向或横向）	接缝长度≤30m	10	水准仪检查
	接缝长度≤60m	15	
	接缝长度≤90m	20	
	接缝长度≤150m	25	
	接缝长度＞150m	30	
相邻板块的平面高低差		1	直尺和塞尺检查
相邻板块的接缝直线度		2.5	拉线和尺量检查
通长接缝直线度（纵向或横向）	接缝长度≤35m	5	经纬仪检查
	接缝长度＞35m	7	
玻璃间接缝宽度(与设计尺寸比)		2	尺量检查

（9）点支承玻璃采光顶铺装的允许偏差和检验方法，应符合表 4-5 的规定。

表 4-5　点支承玻璃采光顶铺装的允许偏差和检验方法

项目		允许偏差/mm	检验方法
通长接缝水平度（纵向或横向）	接缝长度≤30m	10	水准仪检查
	接缝长度≤60m	15	
	接缝长度＞60m	20	
相邻板块的平面高低差		1	直尺和塞尺检查
相邻板块的接缝直线度		2.5	拉线和尺量检查
通长接缝直线度（纵向或横向）	接缝长度≤35m	5	经纬仪检查
	接缝长度＞35m	7	
玻璃间接缝宽度(与设计尺寸比)		2	尺量检查

第五节　细部构造工程

一、檐口

1. 施工现场图

檐口施工现场如图 4-42 所示。

一般项目质量验收
　（1）檐口的防水构造应符合设计要求。
　★检验方法：观察检查。
　（2）檐口的排水坡度应符合设计要求；檐口部位不得有渗漏和积水现象。
　★检验方法：坡度尺检查和雨后观察或淋水试验。

图 4-42　檐口施工现场

2. 重点项目质量验收

（1）檐口800mm范围内的卷材应满粘。

★检验方法：观察检查。

（2）卷材收头应在找平层的凹槽内用金属压条钉压固定，并应用密封材料封严。

★检验方法：观察检查。

（3）涂膜收头应用防水涂料多遍涂刷。

★检验方法：观察检查。

（4）檐口端部应抹聚合物水泥砂浆，其下端应做成鹰嘴和滴水槽。

★检验方法：观察检查。

二、檐沟和天沟

1. 施工现场图

天沟防水施工现场如图4-43所示。

一般项目质量验收
（1）檐沟、天沟的防水构造应符合设计要求。
★检验方法：观察检查。
（2）檐沟外侧顶部及侧面均应抹聚合物水泥砂浆，其下端应做成鹰嘴或滴水槽。
★检验方法：观察检查。

图4-43 天沟防水施工现场

2. 重点项目质量验收

（1）檐沟、天沟的排水坡度应符合设计要求；沟内不得有渗漏和积水现象。

★检验方法：坡度尺检查和雨后观察或淋水、蓄水试验。

（2）檐沟、天沟附加层铺设应符合设计要求。

★检验方法：观察和尺量检查。

（3）檐沟防水层应由沟底翻上至外侧顶部，卷材收头应用金属压条钉压固定，并应用密封材料封严；涂膜收头应用防水涂料多遍涂刷。

★检验方法：观察检查。

三、女儿墙和山墙

1. 施工现场图

女儿墙防水施工现场如图4-44所示。

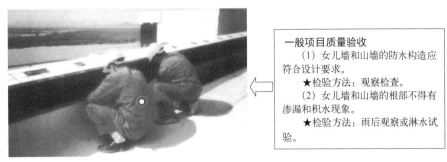

一般项目质量验收
　（1）女儿墙和山墙的防水构造应符合设计要求。
　★检验方法：观察检查。
　（2）女儿墙和山墙的根部不得有渗漏和积水现象。
　★检验方法：雨后观察或淋水试验。

图 4-44　女儿墙防水施工现场

2. 重点项目质量验收

（1）女儿墙和山墙的压顶向内排水坡度不应小于 5%，压顶内侧下端应做成鹰嘴或滴水槽。

★检验方法：观察和坡度尺检查。

（2）女儿墙和山墙的泛水高度及附加层铺设应符合设计要求。

★检验方法：观察和尺量检查。

（3）女儿墙和山墙的卷材应满粘，卷材收头应用金属压条钉压固定，并应用密封材料封严。

★检验方法：观察检查。

（4）女儿墙和山墙的涂膜应直接涂刷至压顶下，涂膜收头应用防水涂料多遍涂刷。

★检验方法：观察检查。

四、水落口

1. 施工现场图

水落口施工现场如图 4-45 所示。

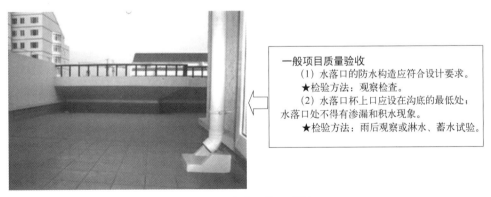

一般项目质量验收
　（1）水落口的防水构造应符合设计要求。
　★检验方法：观察检查。
　（2）水落口杯上口应设在沟底的最低处；水落口处不得有渗漏和积水现象。
　★检验方法：雨后观察或淋水、蓄水试验。

图 4-45　水落口施工现场

2. 重点项目质量验收

（1）水落口的数量和位置应符合设计要求；水落口杯应安装牢固。

★检验方法：观察和手扳检查。

（2）水落口周围直径 500mm 范围内坡度不应小于 5%，水落口周围的附加层铺设应符合设计要求。

★检验方法：观察和尺量检查。

（3）防水层及附加层伸入水落口杯内不应小于 50mm，并应黏结牢固。

★检验方法：观察和尺量检查。

五、变形缝

1. 施工现场图

变形缝防水施工现场如图 4-46 所示。

> 一般项目质量验收
> （1）变形缝的防水构造应符合设计要求。
> ★检验方法：观察检查。
> （2）变形缝处不得有渗漏和积水现象。
> ★检验方法：雨后观察或淋水试验。

图 4-46 变形缝防水施工现场

2. 重点项目质量验收

（1）变形缝的泛水高度及附加层铺设应符合设计要求。

★检验方法：观察和尺量检查。

（2）防水层应铺贴或涂刷至泛水墙的顶部。

★检验方法：观察检查。

（3）等高变形缝顶部宜加扣混凝土或金属盖板。混凝土盖板的接缝应用密封材料封严；金属盖板应铺钉牢固，搭接缝应顺流水方向，并应做好防锈处理。

★检验方法：观察检查。

（4）高低跨变形缝在高跨墙面上的防水卷材封盖和金属盖板，应用金属压条钉压固定，并应用密封材料封严。

★检验方法：观察检查。

六、伸出屋面管道

1. 施工现场图

伸出屋面管道防水施工现场如图 4-47 所示。

> 一般项目质量验收
> （1）伸出屋面管道的防水构造应符合设计要求。
> ★检验方法：观察检查。
> （2）伸出屋面管道根部不得有渗漏和积水现象。
> ★检验方法：雨后观察或淋水试验。

图 4-47 伸出屋面管道防水施工现场

2. 重点项目质量验收

（1）伸出屋面管道的泛水高度及附加层铺设，应符合设计要求。

★检验方法：观察和尺量检查。

（2）伸出屋面管道周围的找平层应抹出高度不小于 30mm 的排水坡。

★检验方法：观察和尺量检查。

（3）卷材防水层收头应用金属箍固定，并应用密封材料封严；涂膜防水层收头应用防水涂料多遍涂刷。

★检验方法：观察检查。

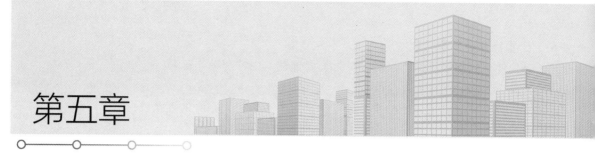

第五章

地下防水工程施工质量验收

扫码看视频

防水混凝土浇筑

第一节　主体结构防水工程

一、防水混凝土

1. 施工现场图

防水混凝土浇筑施工现场如图 5-1 所示。

一般项目质量验收

防水混凝土的原材料、配合比及坍落度必须符合设计要求。

★检验方法：检查产品合格证、产品性能检测报告、计量措施和材料进场检验报告。

图 5-1　防水混凝土浇筑施工现场

2. 重点项目质量验收

（1）防水混凝土的抗压强度和抗渗性能必须符合设计要求。混凝土抗渗性能试块现场制作如图 5-2 所示。

★检验方法：检查混凝土抗压强度、抗渗性能检验报告。

图 5-2　混凝土抗渗性能试块现场制作

（2）防水混凝土结构的施工缝、变形缝、后浇带、穿墙管、埋设件（图 5-3）等设置和构造必须符合设计要求。

★检验方法：观察检查和检查隐蔽工程验收记录。

图 5-3　穿墙螺栓的设置

（3）防水混凝土结构表面应坚实、平整，不得有露筋、蜂窝等缺陷；埋设件位置应准确。

★检验方法：观察检查。

（4）防水混凝土结构表面的裂缝宽度不应大于 0.2mm，且不得贯通。

★检验方法：用刻度放大镜检查。

（5）防水混凝土结构厚度不应小于 250mm，其允许偏差应为＋8mm、－5mm；主体结构迎水面钢筋保护层厚度不应小于 50mm，其允许偏差应为±5mm。

★检验方法：尺量检查和检查隐蔽工程验收记录。

二、水泥砂浆防水层

1. 施工现场图

水泥砂浆防水层施工现场如图 5-4 所示。

一般项目质量验收
（1）防水砂浆的原材料及配合比必须符合设计规定。
★检验方法：检查产品合格证、产品性能检测报告、计量措施和材料进场检验报告。
（2）防水砂浆的黏结强度和抗渗性能必须符合设计规定。
★检验方法：检查砂浆黏结强度、抗渗性能检验报告。

图 5-4　水泥砂浆防水层施工现场

2. 重点项目质量验收

（1）水泥砂浆防水层与基层之间应结合牢固，无空鼓现象。

★检验方法：观察和用小锤轻击检查。

（2）水泥砂浆防水层（图 5-5）表面应密实、平整，不得有裂纹、起砂、麻面等缺陷。

　　★检验方法：观察检查。

图 5-5　水泥砂浆防水层压光

（3）水泥砂浆防水层施工缝留槎位置应正确，接槎应按层次顺序操作，层层搭接紧密。

★检验方法：观察检查和检查隐蔽工程验收记录。

（4）水泥砂浆防水层的平均厚度应符合设计要求，最小厚度不得小于设计厚度的 85%。

★检验方法：用针测法检查。

（5）水泥砂浆防水层表面平整度的允许偏差应为 5mm。

★检验方法：用 2m 靠尺和楔形塞尺检查。

三、卷材防水层

1. 施工现场图

卷材防水层施工现场如图 5-6 所示。

　　一般项目质量验收
　　卷材防水层所用卷材及其配套材料必须符合设计要求。
　　★检验方法：检查产品合格证、产品性能检测报告和材料进场检验报告。

图 5-6　卷材防水层施工现场

2. 重点项目质量验收

（1）卷材防水层在转角处、变形缝、施工缝、穿墙管等部位做法必须符合设计要求。

★检验方法：观察检查和检查隐蔽工程验收记录。

（2）卷材防水层的搭接缝（图 5-7）应粘贴或焊接牢固，密封严密，不得有扭曲、褶皱、翘边和起泡等缺陷。

（3）采用外防外贴法铺贴卷材防水层时（图 5-8），立面卷材接槎的搭接宽度，高聚物改性沥青类卷材应为 150mm，合成高分子类卷材应为 100mm，且上层卷材应盖过下层卷材。

★检验方法：观察检查。

图 5-7 卷材搭接施工

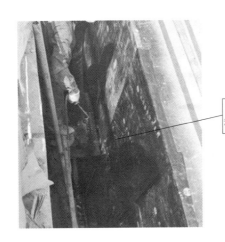

★检验方法：观察和尺量检查。

图 5-8 外防外贴法铺贴卷材

（4）侧墙卷材防水层的保护层与防水层应结合紧密，保护层厚度应符合设计要求。

★检验方法：观察和尺量检查。

（5）卷材搭接宽度的允许偏差应为－10mm。

★检验方法：观察和尺量检查。

四、涂料防水层

1. 施工现场图

涂料防水层施工现场如图 5-9 所示。

扫码看视频

涂料防水层在
转角处施工

一般项目质量验收
　（1）涂料防水层所用的材料及配合比必须符合设计要求。
　★检验方法：检查产品合格证、产品性能检测报告、计量措施和材料进场检验报告。
　（2）侧墙涂料防水层的保护层与防水层应结合紧密，保护层厚度应符合设计要求。
　★检验方法：观察检查。

图 5-9 涂料防水层施工现场

2. 重点项目质量验收

（1）涂料防水层的平均厚度应符合设计要求，最小厚度不得小于设计厚度的90%。

★检验方法：用针测法检查。

（2）涂料防水层在转角处（图5-10）、变形缝、施工缝、穿墙管等部位做法必须符合设计要求。

★检验方法：观察检查和检查隐蔽工程验收记录。

图5-10　涂料防水层在转角处施工

（3）涂料防水层应与基层黏结牢固，涂刷均匀，不得流淌、鼓泡、露槎。

★检验方法：观察检查。

（4）涂层间夹铺胎体增强材料时，应使防水涂料浸透胎体覆盖完全，不得有胎体外露现象。

★检验方法：观察检查。

五、塑料防水板防水层

1. 施工现场图

塑料防水板施工现场如图5-11所示。

一般项目质量验收

　　塑料防水板及其配套材料必须符合设计要求。

★检验方法：检查产品合格证、产品性能检测报告和材料进场检验报告。

图5-11　塑料防水板施工现场

2. 重点项目质量验收

（1）塑料防水板的搭接缝必须采用双缝热熔焊接（图5-12），每条焊缝的有效宽度不应小于10mm。

★检验方法：双焊缝间空腔内充气检查和尺量检查。

图 5-12　塑料防水板热熔焊接

（2）塑料防水板与暗钉圈应焊接牢靠，不得漏焊、假焊和焊穿。

★检验方法：观察检查。

（3）塑料防水板的铺设（图 5-13）应平顺，不得有下垂、绷紧和破损现象。

★检验方法：观察检查。

图 5-13　塑料防水板的铺设

（4）塑料防水板搭接宽度的允许偏差应为－10mm。

★检验方法：尺量检查。

六、金属板防水层

1. 施工现场图

金属板防水层施工现场如图 5-14 所示。

一般项目质量验收
　（1）金属板和焊接材料必须符合设计要求。
★检验方法：检查产品合格证、产品性能检测报告和材料进场检验报告。
　（2）焊工应持有有效的执业资格证书。
★检验方法：检查焊工执业资格证书和考核日期。

图 5-14　金属板防水层施工现场

2. 重点项目质量验收

（1）金属板表面不得有明显凹面和损伤。

★检验方法：观察检查。

（2）焊缝不得有裂纹、未熔合、夹渣、焊瘤、咬边、烧穿、弧坑、针状气孔等缺陷。

★检验方法：观察检查和使用放大镜、焊缝量规及钢尺检查，必要时采用渗透或磁粉探伤检查。

（3）焊缝的焊波应均匀，焊渣和飞溅物应清除干净；保护涂层不得有漏涂、脱皮和反锈现象。

★检验方法：观察检查。

第二节　细部构造防水工程

一、施工缝

1. 施工现场图

施工缝施工现场如图 5-15 所示。

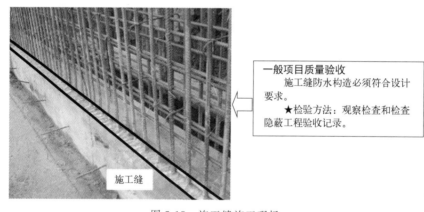

一般项目质量验收
　　施工缝防水构造必须符合设计要求。
　　★检验方法：观察检查和检查隐蔽工程验收记录。

施工缝

图 5-15　施工缝施工现场

2. 重点项目质量验收

（1）施工缝用止水带（图 5-16）、遇水膨胀止水条或止水胶、水泥基渗透结晶型防水涂料和预埋注浆管必须符合设计要求。

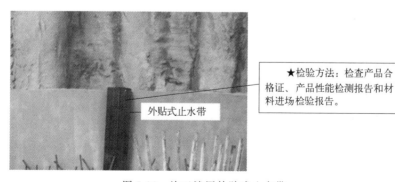

★检验方法：检查产品合格证、产品性能检测报告和材料进场检验报告。

外贴式止水带

图 5-16　施工缝用外贴式止水带

（2）墙体水平施工缝（图 5-17）应留设在高出底板表面不小于 300mm 的墙体上。拱、板与墙结合的水平施工缝，宜留在拱、板与墙交接处以下 150～300mm 处；垂直施工缝应避开地下水和裂隙较多的地段，并宜与变形缝相结合。

★检验方法：观察检查和检查隐蔽工程验收记录。

图 5-17　墙体水平施工缝留设

（3）在施工缝处继续浇筑混凝土时，已浇筑的混凝土抗压强度不应小于 1.2MPa。

★检验方法：观察检查和检查隐蔽工程验收记录。

（4）水平施工缝浇筑混凝土前，应将其表面浮浆和杂物清除（图 5-18），然后铺设净浆、涂刷混凝土界面处理剂或水泥基渗透结晶型防水涂料，再铺 30～50mm 厚的 1∶1 水泥砂浆，并及时浇筑混凝土。

★检验方法：观察检查和检查隐蔽工程验收记录。

图 5-18　施工缝表面剔除浮浆

（5）垂直施工缝浇筑混凝土前，应将其表面清理干净，再涂刷混凝土界面处理剂或水泥基渗透结晶型防水涂料，并及时浇筑混凝土。

★检验方法：观察检查和检查隐蔽工程验收记录。

（6）中埋式钢板止水带（图 5-19）及外贴式止水带埋设位置应准确，固定应牢靠。

（7）遇水膨胀止水条（图 5-20）应具有缓膨胀性能；止水条与施工缝基面应密贴，中间不得有空鼓、脱离等现象；止水条应牢固地安装在缝表面或预留凹槽内；止水条采用搭接连接时，搭接宽度不得小于 30mm。

（8）遇水膨胀止水胶（图 5-21）应采用专用注胶器挤出黏结在施工缝表面，并做到连续、均匀、饱满，无气泡和孔洞，挤出宽度及厚度应符合设计要求；止水胶挤出成形后，固化期内应采取临时保护措施；止水胶固化前不得浇筑混凝土。

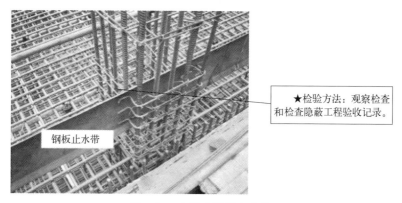

★检验方法：观察检查和检查隐蔽工程验收记录。

钢板止水带

图 5-19　中埋式钢板止水带

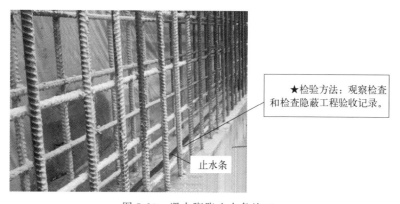

★检验方法：观察检查和检查隐蔽工程验收记录。

止水条

图 5-20　遇水膨胀止水条施工

★检验方法：观察检查和检查隐蔽工程验收记录。

止水胶

图 5-21　遇水膨胀止水胶施工

（9）预埋注浆管应设置在施工缝断面中部，注浆管与施工缝基面应密贴并固定牢靠，固定间距宜为 200～300mm；注浆导管与注浆管的连接应牢固、严密，导管埋入混凝土内的部分应与结构钢筋绑扎牢固，导管的末端应临时封堵严密。

★检验方法：观察检查和检查隐蔽工程验收记录。

二、变形缝

1. 施工现场图

变形缝施工现场如图 5-22 所示。

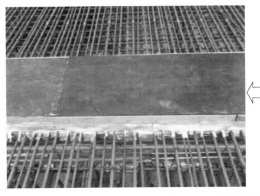

一般项目质量验收

（1）变形缝用止水带、填缝材料和密封材料必须符合设计要求。

★检验方法：检查产品合格证、产品性能检测报告和材料进场检验报告。

（2）变形缝防水构造必须符合设计要求。

★检验方法：观察检查和检查隐蔽工程验收记录。

图 5-22　变形缝施工现场

2. 重点项目质量验收

（1）中埋式止水带（图 5-23）埋设位置应准确，其中间空心圆环与变形缝的中心线应重合。

★检验方法：观察检查和检查隐蔽工程验收记录。

图 5-23　中埋式止水带埋设

（2）中埋式止水带的接缝应设在边墙较高位置上，不得设在结构转角处；接头宜采用热压焊接，接缝应平整、牢固，不得有裂口和脱胶现象。

★检验方法：观察检查和检查隐蔽工程验收记录。

（3）中埋式止水带在转弯处应做成圆弧形（图 5-24）；顶板、底板内止水带应安装成盆状，并宜采用专用钢筋套或扁钢固定。

★检验方法：观察检查和检查隐蔽工程验收记录。

图 5-24　中埋式止水带在转弯处埋设

（4）外贴式止水带在变形缝与施工缝相交部位宜采用十字配件；外贴式止水带在变形缝转角部位宜采用直角配件。止水带埋设位置应准确，固定应牢靠，并与固定止水带的基层密贴，不得出现空鼓、翘边等现象。

★检验方法：观察检查和检查隐蔽工程验收记录。

（5）安设于结构内侧的可卸式止水带所需配件应一次配齐，转角处应做成45°坡角，并增加紧固件的数量。

★检验方法：观察检查和检查隐蔽工程验收记录。

（6）嵌填密封材料的缝内两侧基面应平整、洁净、干燥，并应涂刷基层处理剂；嵌缝底部应设置背衬材料；密封材料嵌填应严密、连续、饱满，黏结牢固。

★检验方法：观察检查和检查隐蔽工程验收记录。

（7）变形缝处表面粘贴卷材或涂刷涂料前，应在缝上设置隔离层和加强层。

★检验方法：观察检查和检查隐蔽工程验收记录。

三、后浇带

1. 施工现场图

后浇带防水施工现场如图5-25所示。

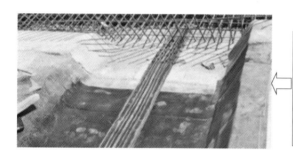

一般项目质量验收
（1）补偿收缩混凝土的原材料及配合比必须符合设计要求。
★检验方法：检查产品合格证、产品性能检测报告、计量措施和材料进场检验报告。
（2）后浇带防水构造必须符合设计要求。
★检验方法：观察检查和检查隐蔽工程验收记录。

图 5-25　后浇带防水施工现场

2. 重点项目质量验收

（1）后浇带用遇水膨胀止水条或止水胶、预埋注浆管、外贴式止水带必须符合设计要求。

★检验方法：检查产品合格证、产品性能检测报告和材料进场检验报告。

（2）采用掺膨胀剂的补偿收缩混凝土，其抗压强度、抗渗性能和限制膨胀率必须符合设计要求。

★检验方法：检查混凝土抗压强度、抗渗性能和水中养护14d后的限制膨胀率检验报告。

（3）补偿收缩混凝土浇筑前，后浇带部位和外贴式止水带应采取保护措施。

★检验方法：观察检查。

（4）后浇带两侧的接缝表面应先清理干净，再涂刷混凝土界面处理剂或水泥基渗透结晶型防水涂料；后浇混凝土的浇筑时间应符合设计要求。

★检验方法：观察检查和检查隐蔽工程验收记录。

（5）后浇带混凝土应一次浇筑（图5-26），不得留设施工缝；混凝土浇筑后应及时养护，养护时间不得少于28d。

★检验方法：观察检查和检查隐蔽工程验收记录。

图 5-26 后浇带混凝土浇筑

四、穿墙管

1. 施工现场图

穿墙管施工现场如图 5-27 所示。

一般项目质量验收
（1）穿墙管用遇水膨胀止水条和密封材料必须符合设计要求。
★检验方法：检查产品合格证、产品性能检测报告和材料进场检验报告。
（2）穿墙管防水构造必须符合设计要求。
★检验方法：观察检查和检查隐蔽工程验收记录。

图 5-27 现场预埋穿墙管

2. 重点项目质量验收

（1）固定式穿墙管应加焊止水环或环绕遇水膨胀止水圈，并做好防腐处理；穿墙管应在主体结构迎水面预留凹槽，槽内应用密封材料嵌填密实。

★检验方法：观察检查和检查隐蔽工程验收记录。

（2）套管式穿墙管的套管与止水环及翼环应连续满焊，并做好防腐处理（图 5-28）；套管内表面应清理干净，穿墙管与套管之间应用密封材料和橡胶密封圈进行密封处理，并采用法兰盘及螺栓进行固定。

（3）穿墙盒的封口钢板与混凝

★检验方法：观察检查和检查隐蔽工程验收记录。

图 5-28 穿墙管做防腐处理

土结构墙上预埋的角钢应焊严，并从钢板上的预留浇注孔注入改性沥青密封材料或细石混凝土，封填后将浇注孔口用钢板焊接封闭。

★检验方法：观察检查和检查隐蔽工程验收记录。

（4）当主体结构迎水面有柔性防水层时，防水层与穿墙管连接处应增设加强层。

★检验方法：观察检查和检查隐蔽工程验收记录。

（5）密封材料嵌填应密实、连续、饱满，黏结牢固。

★检验方法：观察检查和检查隐蔽工程验收记录。

五、埋设件

1. 施工现场图

埋设件安装施工现场如图 5-29 所示。

> 一般项目质量验收
> （1）埋设件用密封材料必须符合设计要求。
> ★检验方法：检查产品合格证、产品性能检测报告、材料进场检验报告。
> （2）埋设件防水构造必须符合设计要求。
> ★检验方法：观察检查和检查隐蔽工程验收记录。

图 5-29　埋设件安装施工现场

2. 重点项目质量验收

（1）埋设件应位置准确、固定牢靠；埋设件应进行防腐处理。

★检验方法：观察、尺量和手扳检查。

（2）埋设件端部或预留孔、槽底部的混凝土厚度不得小于 250mm；当混凝土厚度小于250mm 时，应局部加厚或采取其他防水措施。

★检验方法：尺量检查和检查隐蔽工程验收记录。

（3）结构迎水面的埋设件周围应预留凹槽，凹槽内应用密封材料填实。

★检验方法：观察检查和检查隐蔽工程验收记录。

（4）用于固定模板的螺栓（图 5-30）必须穿过混凝土结构时，可采用工具式螺栓或螺

> ★检验方法：观察检查和检查隐蔽工程验收记录。

图 5-30　螺栓安装

栓加堵头，螺栓上应加焊止水环。拆模后留下的凹槽应用密封材料封堵密实，并用聚合物水泥砂浆抹平。

（5）预留孔、槽内的防水层应与主体防水层保持连续。

★检验方法：观察检查和检查隐蔽工程验收记录。

（6）密封材料嵌填应密实、连续、饱满，黏结牢固。

★检验方法：观察检查和检查隐蔽工程验收记录。

六、预留通道接头

1. 施工现场图

预留通道接头施工现场如图 5-31 所示。

> **一般项目质量验收**
> （1）预留通道接头防水构造必须符合设计要求。
> ★检验方法：观察检查和检查隐蔽工程验收记录。
> （2）预留通道接头外部应设保护墙。
> ★检验方法：观察检查和检查隐蔽工程验收记录。

图 5-31　预留通道接头施工现场

2. 重点项目质量验收

（1）预留通道接头用中埋式止水带、遇水膨胀止水条或止水胶、预埋注浆管、密封材料和可卸式止水带必须符合设计要求。

★检验方法：检查产品合格证、产品性能检测报告、材料进场检验报告。

（2）中埋式止水带埋设位置应准确，其中间空心圆环与通道接头中心线应重合。

★检验方法：观察检查和检查隐蔽工程验收记录。

（3）预留通道先浇混凝土结构、中埋式止水带和预埋件应及时保护，预埋件应进行防锈处理。

★检验方法：观察检查。

（4）密封材料嵌填应密实、连续、饱满，黏结牢固。

★检验方法：观察检查和检查隐蔽工程验收记录。

（5）用膨胀螺栓固定可卸式止水带时，止水带与紧固件压块以及止水带与基面之间应结合紧密。采用金属膨胀螺栓时，应选用不锈钢材料或进行防锈处理。

★检验方法：观察检查和检查隐蔽工程验收记录。

第三节　特殊施工法结构防水工程

一、喷锚支护

1. 施工现场图

喷锚支护施工现场如图 5-32 所示。

一般项目质量验收
　　喷射混凝土所用原材料、混合料配合比及钢筋网、锚杆、钢拱架等必须符合设计要求。
★检验方法：检查产品合格证、产品性能检测报告、计量措施和材料进场检验报告。

图 5-32　喷锚支护施工现场

2. 重点项目质量验收

（1）喷射混凝土抗压强度、抗渗性能和锚杆抗拔力必须符合设计要求。

★检验方法：检查混凝土抗压强度、抗渗性能检验报告和锚杆抗拔力检验报告。

（2）锚喷支护的渗漏水量必须符合设计要求。

★检验方法：观察检查和检查渗漏水检测记录。

（3）喷层与围岩以及喷层之间应黏结紧密，不得有空鼓现象。

★检验方法：用小锤轻击检查。

（4）喷层厚度有 60% 以上检查点不应小于设计厚度，最小厚度不得小于设计厚度的 50%，且平均厚度不得小于设计厚度。

★检验方法：用针探法或凿孔法检查。

（5）喷射混凝土应密实、平整，无裂缝、脱落、漏喷、露筋。混凝土现场喷射作业如图 5-33 所示。

★检验方法：观察检查。

图 5-33　混凝土现场喷射作业

二、地下连续墙

1. 施工现场图

地下连续墙施工现场如图 5-34 所示。

2. 重点项目质量验收

（1）防水混凝土的原材料、配合比及坍落度（图 5-35）必须符合设计要求。

（2）地下连续墙的槽段接缝构造应符合设计要求。

一般项目质量验收
　　（1）防水混凝土的抗压强度和抗渗性能必须符合设计要求。
　　★检验方法：检查混凝土的抗压强度、抗渗性能检验报告。
　　（2）地下连续墙的渗漏水量必须符合设计要求。
　　★检验方法：观察检查和检查渗漏水检测记录。

图 5-34　地下连续墙施工现场

★检验方法：检查产品合格证、产品性能检测报告、计量措施和材料进场检验报告。

图 5-35　混凝土坍落度检测

★检验方法：观察检查和检查隐蔽工程验收记录。

（3）地下连续墙墙面不得有露筋、露石和夹泥现象。

★检验方法：观察检查。

（4）地下连续墙墙体表面平整度，临时支护墙体允许偏差应为 50mm，单一或复合墙体允许偏差应为 30mm。

★检验方法：尺量检查。

三、沉井

1. 施工现场图

沉井施工现场如图 5-36 所示。

一般项目质量验收
　　（1）沉井混凝土的抗压强度和抗渗性能必须符合设计要求。
　　★检验方法：检查混凝土抗压强度、抗渗性能检验报告。
　　（2）沉井的渗漏水量必须符合设计要求。
　　★检验方法：观察检查和检查渗漏水检测记录。

图 5-36　沉井施工现场

2. 重点项目质量验收

（1）沉井混凝土的原材料、配合比及坍落度必须符合设计要求。

★检验方法：检查产品合格证、产品性能检测报告、计量措施和材料进场检验报告。

（2）沉井底板与井壁接缝处的防水处理应符合设计要求。

★检验方法：观察检查和检查隐蔽工程验收记录。

第四节　排水与注浆工程

一、渗排水、盲沟排水

1. 施工现场图

盲沟排水施工现场如图 5-37 所示。

一般项目质量验收
（1）渗排水构造应符合设计要求。
★检验方法：观察检查和检查隐蔽工程验收记录。
（2）盲沟排水构造应符合设计要求。
★检验方法：观察检查和检查隐蔽工程验收记录。

图 5-37　盲沟排水施工现场

2. 重点项目质量验收

（1）盲沟反滤层的层次和粒径组成必须符合设计要求。

★检验方法：检查砂、石试验报告和隐蔽工程验收记录。

（2）集水管的埋置（图 5-38）深度和坡度必须符合设计要求。

★检验方法：观察和尺量检查。

图 5-38　集水管的埋置

扫码看视频

集水管的埋置

（3）渗排水层的铺设应分层、铺平、拍实。

★检验方法：观察检查和检查隐蔽工程验收记录。

（4）集水管采用平接式或承插式接口应连接牢固，不得扭曲变形和错位。

★检验方法：观察检查。

二、塑料排水板排水

1. 施工现场图

塑料排水板施工现场如图 5-39 所示。

一般项目质量验收
　　塑料排水板和土工布必须符合设计要求。
　　★检验方法：检查产品合格证、产品性能检测报告。

图 5-39　塑料排水板施工现场

2. 重点项目质量验收

（1）塑料排水板排水层必须与排水系统连通，不得有堵塞现象。

★检验方法：观察检查。

（2）铺设塑料排水板应采用搭接法施工，长短边搭接宽度均不应小于 100mm。塑料排水板的接缝处宜采用配套胶黏剂粘接或热熔焊接。

★检验方法：观察和尺量检查。

三、结构裂缝注浆

1. 施工现场图

结构裂缝注浆施工现场如图 5-40 所示。

一般项目质量验收
　　注浆材料及其配合比必须符合设计要求。
　　★检验方法：检查产品合格证、产品性能检测报告、计量措施和材料进场检验报告。

图 5-40　结构裂缝注浆施工现场

2. 重点项目质量验收

（1）结构裂缝注浆的注浆效果必须符合设计要求。

★检验方法：观察检查和压水或压气检查；必要时钻取芯样采取劈裂抗拉强度试验方法检查。

（2）注浆孔的数量、布置间距（图 5-41）、钻孔深度及角度应符合设计要求。

★检验方法：尺量检查和检查隐蔽工程验收记录。

图 5-41　注浆孔布置间距

（3）注浆各阶段的控制压力和注浆量应符合设计要求。

★检验方法：观察检查和检查隐蔽工程验收记录。

第六章

钢结构工程施工质量验收

第一节 焊接工程

一、钢构件焊接

1. 施工现场图

钢构件焊接施工现场如图 6-1 所示。

一般项目质量验收

焊接材料与母材的匹配应符合设计文件的要求及国家现行标准的规定。焊接材料在使用前，应按其产品说明书及焊接工艺文件的规定进行烘焙和存放。

★**检验方法**：检查质量证明书和烘焙记录。

图 6-1 钢构件焊接施工现场

2. 重点项目质量验收

（1）施工单位应按现行国家标准《钢结构焊接规范》（GB 50661—2011）的规定进行焊接工艺评定，根据评定报告确定焊接工艺，编写焊接工艺规程并进行全过程质量控制。

★**检验方法**：检查焊接工艺评定报告，焊接工艺规程，焊接过程参数测定、记录。

（2）对于需要进行预热或后热的焊缝（图 6-2），其预热温度或后热温度应符合国家现行标准的规定或通过焊接工艺评定确定。

二、栓钉（焊钉）焊接

1. 施工现场图

栓钉焊接施工现场如图 6-3 所示。

2. 重点项目质量验收

（1）栓钉焊接（图 6-4）接头外观质量检验合格后进行打弯抽样检查，焊缝和热影响区不得有肉眼可见的裂纹。

★检验方法：检查预热或后热施工记录和焊接工艺评定报告。

图 6-2　需要进行预热的焊缝施工

一般项目质量验收
　　施工单位对其采用的栓钉和钢材焊接应进行焊接工艺评定，其结果应满足设计要求并符合国家现行标准的规定。栓钉焊瓷环保存时应有防潮措施，受潮的焊接瓷环使用前应在120～150℃范围内烘焙1～2h。
　　★检验方法：检查焊接工艺评定报告和烘焙记录。

图 6-3　栓钉焊接施工现场

★检验方法：栓钉弯曲30°后目测检查。

图 6-4　栓钉焊接现场作业

　　（2）栓钉焊接接头外观检验应符合表 6-1 的规定。当采用电弧焊方法进行栓钉焊接时，其焊缝最小焊脚尺寸还应符合表 6-2 的规定。

　　★检验方法：应符合表 6-1 和表 6-2 的规定。

表 6-1　栓钉焊接接头外观检验合格标准

外观检验项目	合格标准	检验方法
焊缝外形尺寸	360°范围内焊缝饱满； 拉弧式栓钉焊：焊缝高≥1mm，焊缝宽≥0.5mm	目测、钢尺、焊缝量规
焊缝缺陷	无气孔、夹渣、裂纹等缺陷	目测、放大镜（5 倍）
焊缝咬边	咬边深度≤0.5mm，且最大长度不得大于 1 倍的栓钉直径	钢尺、焊缝量规
栓钉焊后倾斜角度	倾斜角度偏差 $\theta \leq 5°$	钢尺、量角器

表 6-2　采用电弧焊方法的栓钉焊接接头最小焊脚尺寸　　　单位：mm

栓钉直径	角焊缝最小焊脚尺寸	检验方法
10、13	6	
16、19、22	8	钢尺、焊缝量规
25	10	

第二节　紧固件连接工程

一、普通紧固件连接

1. 施工现场图

普通紧固件连接施工现场如图 6-5 所示。

一般项目质量验收
　　永久性普通螺栓紧固应牢固、可靠，外露螺纹不应少于2扣。
　　★检验方法：观察和用小锤敲击检查。

图 6-5　普通紧固件连接施工现场

2. 重点项目质量验收

（1）连接薄钢板采用的自攻钉、拉铆钉、射钉等规格尺寸应与被连接钢板相匹配，并满足设计要求，其间距、边距等应满足设计要求。

★检验方法：观察和尺量检查。

（2）自攻螺钉、拉铆钉、射钉等与连接钢板应紧固密贴，外观排列整齐。

★检验方法：观察或用小锤敲击检查。

二、高强度螺栓连接

1. 施工现场图

高强度螺栓连接施工现场如图 6-6 所示。

一般项目质量验收
　　钢结构制作和安装单位应分别进行高强度螺栓连接摩擦面（含涂层摩擦面）的抗滑移系数试验和复验，现场处理的构件摩擦面应单独进行摩擦面抗滑移系数试验，其结果应满足设计要求。
　　★检验方法：检查摩擦面抗滑移系数试验报告及复验报告。

图 6-6　高强度螺栓连接施工现场

2. 重点项目质量验收

（1）涂层摩擦面钢材表面处理应达到 Sa2½，涂层最小厚度应满足设计要求。

★检验方法：检查除锈记录和抗滑移系数试验报告。

（2）高强度螺栓连接副终拧后（图 6-7），螺栓螺纹外露应为 2～3 扣，其中允许有 10％的螺栓螺纹外露 1 扣或 4 扣。

★检验方法：观察检查。

图 6-7　高强度螺栓连接副终拧

（3）高强度螺栓连接摩擦面应保持干燥、整洁，不应有飞边、毛刺、焊接飞溅物、焊疤、氧化铁皮、污垢等，除设计要求外，摩擦面不应涂漆。

★检验方法：观察检查。

（4）高强度螺栓应能自由穿入螺栓孔，当不能自由穿入时，应用铰刀修正。修孔数量不应超过该节点螺栓数量的 25％，扩孔后的孔径不应超过 1.2d （d 为螺栓直径）。

★检验方法：观察检查及用卡尺检查。

第三节　钢零件及钢部件加工

一、切割

1. 施工现场图

钢材机械切割如图 6-8 所示。

一般项目质量验收
　　钢材切割面或剪切面应无裂纹、夹渣、毛刺和分层。
　　★检验方法：观察或用放大镜，有疑义时应进行渗透、磁粉或超声波探伤检查。

图 6-8　钢材机械切割

2. 重点项目质量验收

（1）气割的允许偏差应符合表 6-3 的规定。

★检验方法：观察检查或用钢尺、塞尺检查。

表 6-3 气割的允许偏差

项目	允许偏差/mm	项目	允许偏差/mm
零件宽度、长度	±3.0	割纹深度	0.3
切割面平面度	$0.05t$,且不大于 2.0	局部缺口深度	1.0

注：t 为切割面厚度（mm）。

（2）机械剪切的允许偏差应符合表 6-4 的规定。机械剪切的零件厚度不宜大于 12.0mm，剪切面应平整。碳素结构钢在环境温度低于−16℃，低合金结构钢在环境温度低于−12℃时，不得进行剪切、冲孔。

★检验方法：观察检查或用钢尺、塞尺检查。

表 6-4 机械剪切的允许偏差

项目	允许偏差/mm	项目	允许偏差/mm
零件宽度、长度	±3.0	型钢端部垂直度	2.0
边缘缺棱	1.0		

（3）用于相贯连接的钢管杆件宜采用管子车床或数控相贯线切割机下料，钢管杆件加工的允许偏差应符合表 6-5 的规定。

★检验方法：观察检查或用钢尺、塞尺检查。

表 6-5 钢管杆件加工的允许偏差

项目	允许偏差/mm	项目	允许偏差/mm
长度	±1.0	管口曲线	1.0
端面对管轴的垂直度	$0.005r$		

注：r 为钢管半径（mm）。

二、矫正和成型

1. 施工现场图

型钢矫正施工如图 6-9 所示。

一般项目质量验收
碳素结构钢在环境温度低于−16℃，合金结构钢在环境温度低于−12℃时，不应进行冷矫正和冷弯曲。
★检验方法：检查制作工艺报告和施工记录。

图 6-9 型钢矫正施工

2. 重点项目质量验收

（1）热轧碳素结构钢和低合金结构钢，当采用热加工成型或加热矫正时，加热温度、冷却温度等工艺应符合现行国家标准《钢结构工程施工规范》（GB 50755—2012）的规定。

★检验方法：检查制作工艺报告和施工记录。

（2）矫正后的钢材表面，不应有明显的凹痕或损伤，划痕深度不得大于 0.5mm，且不应大于该钢材厚度允许负偏差的 1/2。

★检验方法：观察检查和实测检查。

（3）钢板压制或卷制钢管时，应符合下列规定：

① 完成压制或卷制后，应采用样板检查其弧度，样板与管内壁的允许间隙应符合表 6-6 的规定；

表 6-6　样板与管内壁的允许间隙　　　　　　　　　　　　单位：mm

钢管直径 d	样板弦长	样板与管内壁的允许间隙
$d \leqslant 1000$	$d/2$，且不小于 500	1.0
$1000 < d \leqslant 2000$	$d/4$，且不小于 1500	1.5

② 完成压制或卷制后，对口错边 $t/10$（t 为壁厚）且不应大于 3mm；

③ 压制或卷制时，不得采用锤击方法矫正钢板。

★检验方法：用套模或游标卡尺检查。

三、边缘加工

1. 施工现场图

钢构件边缘加工如图 6-10 所示。

一般项目质量验收
　　气割或机械剪切的零件需要进行边缘加工时，其刨削余量不宜小于2.0mm。
　　★检验方法：检查工艺报告和施工记录。

图 6-10　钢构件边缘加工

2. 重点项目质量验收

（1）边缘加工的允许偏差应符合表 6-7 的规定。

★检验方法：观察检查和实测检查。

表 6-7　边缘加工的允许偏差

项目	允许偏差	项目	允许偏差
零件宽度、长度	± 1.0mm	加工面垂直度	$0.025t$，且不大于 0.5mm
加工边直线度	$l/3000$，且不大于 2.0mm	加工面表面粗糙度	$R_a \leqslant 50\mu m$

注：l 为加工边长度（mm）；t 为加工面的厚度（mm）。

（2）焊缝坡口的允许偏差应符合表 6-8 的规定。

★检验方法：实测检查。

表 6-8　焊缝坡口的允许偏差

项目	允许偏差	项目	允许偏差
坡口角度	±5°	钝边	±1.0mm

（3）采用铣床进行铣削加工边缘时，加工后的允许偏差应符合表 6-9 的规定。

★检验方法：用钢尺、塞尺检查。

表 6-9　零部件铣削加工后的允许偏差

项目	允许偏差/mm
两端铣平时零件长度、宽度	±1.0
铣平面的平面度	0.02t，且不大于 0.3
铣平面的垂直度	h/1500，且不大于 0.5

注：t 为铣平面的厚度（mm）；h 为铣平面的高度（mm）。

四、球节点加工

1. 施工现场图

螺栓球加工如图 6-11 所示。

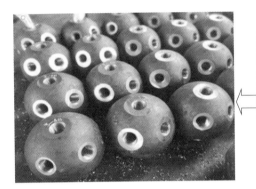

一般项目质量验收
　（1）封板、锥头、套筒表面不得有裂纹、过烧及氧化皮。
　★检验方法：用10倍放大镜观察检查或表面探伤。
　（2）焊接球表面应光滑平整，局部凹凸不平不应大于1.5mm。
　★检验方法：用弧形套模、卡尺和观察检查。

图 6-11　螺栓球加工

2. 重点项目质量验收

（1）螺栓球（图 6-12）成型后，表面不应有裂纹、褶皱和过烧。

★检验方法：用 10 倍放大镜观察检查或表面探伤。

（2）焊接球的半球由钢板压制而成，钢板压成半球后，表面不应有裂纹、褶皱，焊接球的两半球对接处坡口宜采用机械加工，对接焊缝表面应打磨平整。

★检验方法：用10倍放大镜观察检查或表面探伤。

图 6-12　螺栓球安装

（3）螺栓球加工的允许偏差应符合表 6-10 的规定。

★检验方法：应符合表 6-10 的规定。

表 6-10　螺栓球加工的允许偏差

项目		允许偏差	检验方法
球直径	$D\leqslant120mm$	$+2.0mm$ $-1.0mm$	用卡尺和游标卡尺检查
	$D>120mm$	$+3.0mm$ $-1.5mm$	
球圆度	$D\leqslant120mm$	$1.5mm$	用卡尺和游标卡尺检查
	$120mm<D\leqslant250mm$	$2.5mm$	
	$D>250mm$	$3.5mm$	
同一轴线上两铣平面平行度	$D\leqslant120mm$	$0.2mm$	用百分表 V 形块检查
	$D>120mm$	$0.3mm$	
铣平面距球中心距离		$\pm0.2mm$	用游标卡尺检查
相邻两螺栓孔中心线夹角		$\pm30'$	用分度头检查
两铣平面与螺栓孔轴线垂直度		$0.005r(mm)$	用百分表检查

注：D 为螺栓球直径（mm）；r 为铣平面半径（mm）。

（4）焊接球加工的允许偏差应符合表 6-11 的规定。

★检验方法：应符合表 6-11 的规定。

表 6-11　焊接球加工的允许偏差　　　　　　　　　　　单位：mm

项目		允许偏差	检验方法
球直径	$D\leqslant300$	±1.5	用卡尺和游标卡尺检查
	$300<D\leqslant500$	±2.5	
	$500<D\leqslant800$	±3.5	
	$D>800$	±4.0	
球圆度	$D\leqslant300$	1.5	用卡尺和游标卡尺检查
	$300<D\leqslant500$	2.5	
	$500<D\leqslant800$	3.5	
	$D>800$	4.0	
壁厚减薄量	$t\leqslant10$	$0.18t$,且不大于 1.5	用卡尺和测厚仪检查
	$10<t\leqslant16$	$0.15t$,且不大于 2.0	
	$16<t\leqslant22$	$0.12t$,且不大于 2.5	
	$22<t\leqslant45$	$0.11t$,且不大于 3.5	
	$t>45$	$0.08t$,且不大于 4.0	
对口错边量	$t\leqslant20$	1.0	用套模和游标卡尺检查
	$20<t\leqslant40$	2.0	
	$t>40$	3.0	
焊缝余高		$0\sim1.5$	用焊缝量规检查

注：D 为焊接球的外径（mm）；t 为焊接球的壁厚（mm）。

五、铸钢件加工

1. 施工现场图

铸钢件加工现场如图 6-13 所示。

2. 重点项目质量验收

（1）有连接要求的轴（外圆）和孔机械加工的允许偏差应符合表 6-12 的规定或设计要求。

一般项目质量验收
铸钢件连接面的表面粗糙度不应大于25μm。连接孔、轴的表面粗糙度不应大于12.5μm。
★检验方法：用粗糙度对比样板检查。

图 6-13　铸钢件加工现场

★检验方法：用卡尺、直尺、角度尺检查。

表 6-12　轴（外圆）和孔机械加工的允许偏差

项目	允许偏差	项目	允许偏差
轴（外圆）直径	$-d/200$，且不大于-2.0mm	管口曲线	2.0mm
孔径	$d/200$，且不大于2.0mm	同轴度	1.0mm
圆度	$d/200$，且不大于2.0mm	相邻两轴线夹角	$\pm25'$
端面垂直度	$d/200$，且不大于2.0mm		

注：d 为轴（外圆）直径或孔径（mm）。

（2）有连接要求的平面、端面、边缘机械加工的允许偏差应符合表 6-13 的规定或设计要求。

★检验方法：用卡尺、直尺、角度尺检查。

表 6-13　平面、端面、边缘机械加工的允许偏差

项目	允许偏差	项目	允许偏差
长度、宽度	±1.0mm	平面度	0.3mm/m^2
平面平行度	0.5mm	加工边直线度	$L/3000$，且不大于2.0mm
加工面对轴线的垂直度	$L/1500$，且不大于2.0mm	相邻两加工边夹角	$30'$

注：L 为加工面边长或加工边长度（mm）。

（3）铸钢件可用机械、加热的方法进行矫正，矫正后的表面不得有明显的凹痕或其他损伤。

★检验方法：观察检查。

（4）焊接坡口采用气割方法加工时，其允许偏差应符合表 6-14 的规定或满足设计要求。

表 6-14　气割焊接坡口的允许偏差

项目	允许偏差	项目	允许偏差
切割面平面度	$0.05t$，且不应大于2.0mm	坡口角度	$+5°$
割纹深度	0.3mm		0
局部缺口深度	1.0mm	钝边	±1.0mm
端面垂直度	$d/500$，且不大于2.0mm		

注：t 为钢板厚度（mm）；d 为钢件直径（mm）。

第四节 单层、高层钢结构安装工程

一、基础和地脚螺栓（锚栓）

1. 施工现场图

地脚螺栓安装施工现场如图 6-14 所示。

一般项目质量验收
　　地脚螺栓（锚栓）规格、位置及紧固应满足设计要求，地脚螺栓（锚栓）的螺纹应有保护措施。
★检验方法：现场观察。

图 6-14　地脚螺栓安装施工现场

2. 重点项目质量验收

（1）建筑物定位轴线、基础上柱的定位轴线和标高应满足设计要求。当设计无要求时应符合表 6-15 的规定。

★检验方法：用经纬仪、水准仪、全站仪和钢尺现场实测。

表 6-15　建筑物定位轴线、基础上柱的定位轴线和标高的允许偏差

项目	允许偏差/mm	图例
建筑物定位轴线	$l/20000$，且不应大于 3.0	
基础上柱的定位轴线	1.0	
基础上柱底标高	±3.0	

注：l 为建筑物的长度或宽度（mm）。

（2）基础顶面直接作为柱的支承面或以基础顶面预埋钢板或支座作为柱的支承面时，其支承面、地脚螺栓（锚栓）位置的允许偏差应符合表 6-16 的规定。

★检验方法：用经纬仪、水准仪、全站仪、水平尺和钢尺实测。

表 6-16 支承面、地脚螺栓（锚栓）位置的允许偏差

项目		允许偏差/mm
支承面	标高	±3.0
	水平度	$l/1000$
地脚螺栓（锚栓）	螺栓中心偏移	5.0
预留孔中心偏移		10.0

注：l 为螺栓长度（mm）。

（3）采用坐浆垫板时，坐浆垫板的允许偏差应符合表 6-17 的规定。

★检验方法：用水准仪、全站仪、水平尺和钢尺现场实测。

表 6-17 坐浆垫板的允许偏差

项目	允许偏差/mm
顶面标高	0 −3.0
水平度	$l/1000$
平面位置	20.0

注：l 为垫板长度（mm）。

（4）采用插入式或埋入式柱脚时，杯口尺寸的允许偏差应符合表 6-18 的规定。

★检验方法：观察及尺量检查。

表 6-18 杯口尺寸的允许偏差

项目	允许偏差/mm
底面标高	0 −5.0
杯口深度	±5.0
杯口垂直度	$h/1000$，且不大于 10.0
柱脚轴线对柱定位轴线的偏差	1.0

注：h 为底层柱的高度（mm）。

（5）地脚螺栓（锚栓）尺寸的允许偏差应符合表 6-19 的规定。

★检验方法：用钢尺现场实测。

表 6-19 地脚螺栓（锚栓）尺寸的允许偏差　　　　单位：mm

螺栓（锚栓）直径	项目	
	螺栓（锚栓）外露长度	螺栓（锚栓）螺纹长度
$d \leqslant 30$	0 +1.2d	0 +1.2d
$d > 30$	0 +1.0d	0 +1.0d

二、钢柱安装

1. 施工现场图
钢柱安装施工现场如图 6-15 所示。

2. 重点项目质量验收
（1）钢柱几何尺寸应满足设计要求的规定。运输、堆放和吊装等造成的钢构件变形及涂层脱落，应进行矫正和修补。

★检验方法：用拉线、钢尺现场实测或观察。

一般项目质量验收

钢柱等主要构件的中心线及标高基准点等标记应齐全。

★检验方法：观察检查。

图 6-15　钢柱安装施工现场

（2）设计要求顶紧的构件或节点、钢柱现场拼接接头接触面不应少于 70％密贴，且边缘最大间隙不应大于 0.8mm。

★检验方法：用钢尺及 0.3mm 和 0.8mm 厚的塞尺现场实测。

（3）柱的工地拼接接头焊缝组间隙的允许偏差，应符合表 6-20 的规定。

★检验方法：钢尺检查。

表 6-20　柱的工地拼接接头焊缝组间隙的允许偏差

项目	允许偏差/mm
无垫板间隙	+3.0 0
有垫板间隙	+3.0 −2.0

（4）钢柱（图 6-16）表面应干净，结构主要表面不应有疤痕、泥砂和污垢。

★检验方法：观察检查。

图 6-16　施工场地的钢柱

三、钢屋（托）架、钢梁（桁架）安装

1. 施工现场图

钢梁安装施工现场如图 6-17 所示。

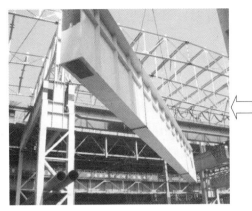

一般项目质量验收

　　钢屋（托）架、钢梁（桁架）的几何尺寸偏差和变形应满足设计要求并符合《钢结构工程施工质量验收标准》（GB 50205—2020）的规定。运输、堆放和吊装等造成的钢构件变形及涂层脱落，应进行矫正和修补。

　　★检验方法：用拉线、钢尺现场实测或观察。

图 6-17　钢梁安装施工现场

2. 重点项目质量验收

（1）钢屋（托）架、钢桁架、钢梁、次梁的垂直度和侧向弯曲矢高的允许偏差应符合表 6-21 的规定。

　　★检验方法：用吊线、拉线、经纬仪和钢尺现场实测。

表 6-21　钢屋（托）架、钢桁架、梁垂直度和侧向弯曲矢高的允许偏差

项目	允许偏差		图例
跨中的垂直度	$h/250$，且不大于 15.0mm		
侧向弯曲矢高 f	$l \leqslant 30\text{m}$	$l/1000$，且不大于 10.0mm	
	$30\text{m} < l \leqslant 60\text{m}$	$l/1000$，且不大于 30.0mm	
	$l > 60\text{m}$	$l/1000$，且不大于 50.0mm	

（2）当钢桁架（或梁）安装在混凝土柱上时（图 6-18），其支座中心对定位轴线的偏差

　　★检验方法：用拉线和钢尺现场实测。

图 6-18　钢梁安装在混凝土柱上

不应大于 10mm；当采用大型混凝土屋面板时，钢桁架（或梁）间距的偏差不应大于 10mm。

（3）钢吊车梁或直接承受动力荷载的类似构件，其安装的允许偏差应符合表 6-22 的规定。

★检验方法：应符合表 6-22 的规定。

表 6-22　钢吊车梁安装的允许偏差

项目		允许偏差/mm	图例	检验方法
梁的跨中垂直度 Δ		$h/500$		用吊线和钢尺检查
侧向弯曲矢高		$l/1500$，且不大于 10.0	—	
垂直上拱矢高		10.0		用拉线和钢尺检查
两端支座中心位移 Δ	安装在钢柱上时，对牛腿中心的偏移	5.0		
	安装在混凝土柱上时，对定位轴线的偏移	5.0		
吊车梁支座加劲板中心与柱子承压加劲板中心的偏移 Δ_1		$t/2$		用吊线和钢尺检查
同跨间内同一横截面吊车梁顶面高差 Δ	支座处	$l/1000$，且不大于 10.0		
	其他处	15.0		用经纬仪、水准仪和钢尺检查
同跨间内同一横截面下挂式吊车梁底面高差 Δ		10.0		
同列相邻两柱间吊车梁顶面高差 Δ		$l/1500$，且不大于 10.0		用水准仪和钢尺检查

续表

项目		允许偏差/mm	图例	检验方法
相邻两吊车梁接头部位 Δ	中心错位	3.0		用钢尺检查
	上承式顶面高差	1.0		
	下承式地面高差	1.0		
同跨间任意一截面的吊车梁中心跨距 Δ		± 10.0		用经纬仪和光电测距仪检查;跨度小时,可用钢尺检查
轨道中心对吊车梁腹板轴线的偏移 Δ		$t/2$		用吊线和钢尺检查

（4）钢梁安装的允许偏差应符合表 6-23 的规定。

★检验方法：应符合表 6-23 的规定。

表 6-23 钢梁安装的允许偏差

项目	允许偏差/mm	图例	检验方法
同一根梁两端顶面的高差 Δ	$l/1000$,且不大于 10.0		用水准仪检查
主梁与次梁上表面的高差 Δ	± 2.0		用直尺和钢尺检查

四、连接节点安装

1. 施工现场图

连接节点安装施工现场如图 6-19 所示。

一般项目质量验收

　　运输、堆放和吊装等造成的钢构件变形及涂层脱落，应进行矫正和修补。

　　★检验方法：用拉线、吊线、钢尺、经纬仪等现场实测或观察。

图 6-19　连接节点安装施工现场

2. 重点项目质量验收

（1）构件与节点对接处的允许偏差应符合表 6-24 的规定。

★检验方法：用吊线、拉线、经纬仪和钢尺、全站仪现场实测。

表 6-24　构件与节点对接处的允许偏差

项目	允许偏差/mm	图 例
箱形（四边形、多边形）截面、异型截面对接处 $\lvert L_1 - L_2 \rvert$	≤3.0	
异型锥管、椭圆管截面对接处 Δ	≤3.0	

（2）同一结构层或同一设计标高异型构件标高允许偏差应为 5mm。

★检验方法：用吊线、拉线、经纬仪和钢尺、全站仪现场实测。

（3）构件轴线空间位置偏差不应大于 10mm，节点中心空间位置偏差不应大于 15mm。

★检验方法：用吊线、拉线、经纬仪和钢尺、全站仪现场实测。

（4）构件对接处截面的平面度偏差：截面边长 l≤3m 时，偏差不应大于 2mm；截面边长 l＞3m 时，偏差不应大于 $l/1500$。

★检验方法：用吊线、拉线、水平尺和钢尺现场实测。

五、钢板剪力墙安装

1. 施工现场图

钢板剪力墙安装施工现场如图 6-20 所示。

2. 重点项目质量验收

（1）运输、堆放和吊装等造成构件变形和涂层脱落，应进行校正和修补。

一般项目质量验收

（1）消能减震钢板剪力墙的性能指标应满足设计要求。

★检验方法：检查检测报告。

（2）安装后的钢板剪力墙表面应干净，不得有明显的疤痕、泥砂和污垢等。

★检验方法：观察检查。

图 6-20　钢板剪力墙安装施工现场

★检验方法：用拉线、钢尺现场实测或观察。

（2）钢板剪力墙对口错边、平面外挠曲应符合表 6-25 的规定。

★检验方法：用钢尺现场实测或观察。

表 6-25　钢板剪力墙安装允许偏差

项目	允许偏差/mm	图例
钢板剪力墙对口错边 Δ	$t/5$，且不大于 3	
钢板剪力墙平面外挠曲	$l/250+10$，且不大于 30（l 取 l_1 和 l_2 中较小值）	

六、支撑、檩条、墙架、次结构安装

1. 施工现场图

檩条安装施工现场如图 6-21 所示。

一般项目质量验收

（1）消能减震钢支撑的性能指标应满足设计要求。

★检验方法：检查检测报告。

（2）墙面檩条外侧平面任一点对墙轴线距离与设计偏差不应大于5mm。

★检验方法：用拉线、钢尺、经纬仪现场实测或观察。

图 6-21　檩条安装施工现场

2. 重点项目质量验收

（1）墙架、檩条等次要构件安装的允许偏差应符合表 6-26 的规定。

★检验方法：应符合表 6-26 的规定。

表 6-26　墙架、檩条等次要构件安装的允许偏差

项目		允许偏差/mm	检验方法
墙架立柱	中心线对定位轴线的偏移	10.0	用钢尺检查
	垂直度	$H/1000$，且不大于 10.0	用经纬仪或吊线和钢尺检查
	弯曲矢高	$H/1000$，且不大于 15.0	用经纬仪或吊线和钢尺检查
抗风柱、桁架的垂直度		$h/250$，且不大于 15.0	用吊线和钢尺检查
檩条、墙梁的间距		±5.0	用钢尺检查
檩条的弯曲矢高		$l/750$，且不大于 12.0	用拉线和钢尺检查
墙梁的弯曲矢高		$l/750$，且不大于 10.0	用拉线和钢尺检查

注：H 为墙架立柱的高度（mm）；h 为抗风桁架、柱的高度（mm）；l 为檩条或墙梁的长度（mm）。

（2）檩条两端相对高差或与设计标高偏差不应大于 5mm。檩条直线度偏差不应大于 $l/250$，且不应大于 10mm。

★检验方法：用拉线、钢尺、水准仪现场实测或观察。

七、钢平台、钢梯安装

1. 施工现场图

钢梯安装施工现场如图 6-22 所示。

一般项目质量验收
相邻楼梯踏步的高度差不应大于5mm，且每级踏步高度与设计偏差不应大于3mm。
★检验方法：钢尺。

图 6-22　钢梯安装施工现场

2. 重点项目质量验收

（1）钢栏杆、平台、钢梯等构件尺寸偏差和变形，应满足设计要求的规定。运输、堆放和吊装等造成的钢构件变形及涂层脱落，应进行矫正和修补。

★检验方法：用拉线、钢尺现场实测或观察。

（2）钢平台、钢梯、栏杆安装应符合现行国家标准《固定式钢梯及平台安全要求　第 1 部分：钢直梯》（GB 4053.1—2009）、《固定式钢梯及平台安全要求　第 2 部分：钢斜梯》（GB 4053.2—2009）和《固定式钢梯及平台安全要求　第 3 部分：工业防护栏杆及钢平台》（GB 4053.3—2009）的规定。钢平台、钢梯和防护栏杆安装的允许偏差应符合表 6-27 的规定。

★检验方法：应符合表 6-27 的规定。

表 6-27　钢平台、钢梯和防护栏杆安装的允许偏差

项目	允许偏差/mm	检验方法
平台高度	± 10.0	用水准仪检查
平台梁水平度	$l/1000$，且不大于 10.0	用水准仪检查
平台支柱垂直度	$H/1000$，且不大于 5.0	用经纬仪或吊线和钢尺检查
承重平台梁侧向弯曲	$l/1000$，且不大于 10.0	用拉线和钢尺检查
承重平台梁垂直度	$h/250$，且不大于 10.0	用吊线和钢尺检查
直梯垂直度	$H'/1000$，且不大于 15.0	用吊线和钢尺检查
栏杆高度	± 5.0	用钢尺检查
栏杆立柱间距	± 5.0	用钢尺检查

注：l 为平台梁长度（mm）；H 为平台支柱高度（mm）；h 为平台梁高度（mm）；H' 为直梯高度（mm）。

（3）楼梯两侧栏杆（图 6-23）间距与设计偏差不应大于 10mm。

★检验方法：钢尺现场实测。

图 6-23　楼梯两侧栏杆安装

（4）栏杆直线度偏差不应大于 5mm。

★检验方法：拉线、水准仪、水平尺、钢尺现场实测。

八、主体钢结构

1. 施工现场图

主体钢结构安装施工现场如图 6-24 所示。

一般项目质量验收
主体钢结构总高度可按相对标高或设计标高进行控制。总高度的允许偏差应符合表6-28的规定。
★检验方法：采用全站仪、水准仪和钢尺实测。

图 6-24　主体钢结构安装施工现场

表 6-28 主体钢结构总高度的允许偏差

项目	允许偏差/mm		图例
用相对标高控制安装	$\pm\sum(\Delta_h+\Delta_z+\Delta_w)$		
用设计标高控制安装	单层	$H/1000$，且不大于 20.0 $-H/1000$，且不小于-20.0	
	高度 60m 以下的多高层	$H/1000$，且不大于 30.0 $-H/1000$，且不小于-30.0	
	高度 60m 至 100m 的高层	$H/1000$，且不大于 50.0 $-H/1000$，且不小于-50.0	
	高度 100m 以上的高层	$H/1000$，且不大于 100.0 $-H/1000$，且不小于-100.0	

注：Δ_h 为每节柱子长度的制造允许偏差（mm）；Δ_z 为每节柱子长度受荷载后的压缩值（mm）；Δ_w 为每节柱子接头焊缝的收缩值（mm）。

2. 重点项目质量验收

主体钢结构整体立面偏移和整体平面弯曲的允许偏差应符合表 6-29 的规定。

★检验方法：采用经纬仪、全站仪、GPS 等测量。

表 6-29 主体钢结构整体立面偏移和整体平面弯曲的允许偏差

项目	允许偏差/mm		图例
主体钢结构的 整体立面偏移	单层	$H/1000$，且不大于 25.0	
	高度 60m 以下的多高层	$(H/2500+10)$，且不大于 30.0	
	高度 60m 至 100m 的高层	$(H/2500+10)$，且不大于 50.0	
	高度 100m 以上的高层	$(H/2500+10)$，且不大于 80.0	
主体钢结构的 整体平面弯曲	$l/1500$，且不大于 50.0		

第五节 压型金属板工程

一、压型金属板制作与安装

1. 施工现场图

压型金属板安装施工现场如图 6-25 所示。

2. 重点项目质量验收

（1）压型金属板、泛水板、包角板和屋脊盖板等应固定可靠、牢固，防腐涂料涂刷和密封材料敷设应完好，连接件数量、规格、间距应满足设计要求并符合国家现行标准的规定。

★检验方法：观察和尺量检查。

（2）扣型型和咬合型压型金属板板肋的扣合或咬合应牢固，板肋处无开裂、脱落现象。

★检验方法：观察和尺量检查。

（3）连接压型金属板、泛水板、包角板和屋脊盖板采用的自攻螺钉、铆钉、射钉的规格

一般项目质量验收
（1）压型金属板屋面、墙面的造型和立面分格应满足设计要求。
★检验方法：观察和尺量检查。
（2）压型金属板屋面应防水可靠，不得出现渗漏现象。
★检验方法：观察检查和雨后或淋水检验。

图 6-25　压型金属板安装施工现场

尺寸及间距、边距等应满足设计要求并符合国家现行标准的规定。

★检验方法：观察和尺量检查。

（4）屋面及墙面压型金属板的长度方向连接采用搭接连接时，搭接端应设置在支承构件（如檩条、墙梁等）上，并应与支承构件有可靠连接。当采用螺钉或铆钉固定搭接时，搭接部位应设置防水密封胶带。压型金属板长度方向的搭接长度应满足设计要求，且当采用焊接搭接时，压型金属板搭接长度不宜小于 50mm；当采用直接搭接时，压型金属板搭接长度不宜小于表 6-30 规定的数值。

表 6-30　压型金属板在支承构件上的搭接长度

项目		搭接长度/mm
屋面、墙面内层板		80
屋面外层板	屋面坡度≤10%	250
	屋面坡度＞10%	200
墙面外层板		120

★检验方法：观察和用钢尺检查。

（5）组合楼板中压型钢板与支承结构的锚固支承长度应满足设计要求，且在钢梁上的支承长度不应小于 50mm，在混凝土梁上的支承长度不应小于 75mm，端部锚固件连接应可靠，设置位置应满足设计要求。

★检验方法：尺量检查。

（6）组合楼板中压型钢板侧向在钢梁上的搭接长度不应小于 25mm，在设有预埋件的混凝土梁或砌体墙上的搭接长度不应小于 50mm；压型钢板铺设末端距钢梁上翼缘或预埋件边不大于 200mm 时，可用收边板收头。

★检验方法：尺量检查。

（7）压型金属板安装（图 6-26）应平整、顺直，板面不应有施工残留物和污物。檐口和墙面下端应呈直线，不应有未经处理的孔洞。

（8）连接压型金属板、泛水板、包角板和屋脊盖板采用的自攻螺钉、铆钉、射钉等与被连接板应紧固密贴，外观排列整齐。

★检验方法：观察或用小锤敲击检查。

（9）压型金属板、泛水板、包角板和屋脊盖板安装的允许偏差应符合表 6-31 的规定。

★检验方法：用拉线、吊线和钢尺检查。

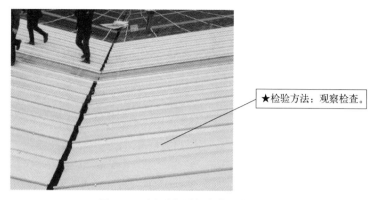

★检验方法：观察检查。

图 6-26　压型金属板安装现场检验

表 6-31　压型金属板、泛水板、包角板和屋脊盖板安装的允许偏差

	项目	允许偏差/mm
屋面	檐口、屋脊与山墙收边的直线度檐口与屋脊的平行度（如有）泛水板、屋脊盖板与屋脊的平行度（如有）	12.0
	压型金属板板肋或波峰直线度压型金属板板肋对屋脊的垂直度（如有）	$L/800$，且不大于 25.0
	檐口相邻两块压型金属板端部错位	6.0
	压型金属板卷边板件最大波浪高	4.0
墙面	竖排板的墙板波纹相对地面的垂直度	$H/800$，且不大于 25.0
	横排板的墙板波纹线与檐口的平行度	12.0
	墙板包角板相对地面的垂直度	$H/800$，且不大于 25.0
	相邻两块压型金属板的下端错位	6.0
组合楼板中压型钢板	压型金属板在钢梁上相邻列的错位 △	15.0

注：L 为屋面半坡或单坡长度（mm）；H 为墙面高度（mm）。

二、固定支架安装

1. 施工现场图

屋面板固定支架安装如图 6-27 所示。

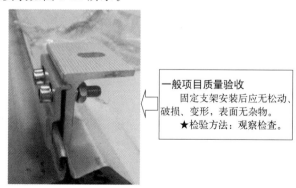

一般项目质量验收
　　固定支架安装后应无松动、破损、变形，表面无杂物。
★检验方法：观察检查。

图 6-27　屋面板固定支架安装

2. 重点项目质量验收

（1）固定支架数量、间距应满足设计要求，紧固件固定应牢固、可靠，与支承结构应密贴。

★检验方法：观察或用小锤敲击检查。

（2）固定支架安装允许偏差应符合表 6-32 的规定。

★检验方法：观察检查及拉线、尺量。

表 6-32　固定支架安装允许偏差

项目	允许偏差	图例
沿板长方向,相邻固定支架横向偏差 Δ_1	±2.0mm	
沿板宽方向,相邻固定支架纵向偏差 Δ_2	±5.0mm	
沿板宽方向,相邻固定支架横向间距偏差 Δ_3	+3.0mm −2.0mm	
相邻固定支架高度偏差 Δ_4	±4.0mm	
固定支架纵向倾角 θ_1	±1.0°	
固定支架横向倾角 θ_2	±1.0°	

三、连接构造及节点

1. 施工现场图

屋面天窗安装施工现场如图 6-28 所示。

> **一般项目质量验收**
> 变形缝、屋脊、檐口、山墙、穿透构件、天窗周边、门窗洞口、转角等连接部位表面应清洁干净，不应有施工残留物和污物。
> ★检验方法：观察检查。

图 6-28　屋面天窗安装施工现场

2. 重点项目质量验收

（1）变形缝、屋脊、檐口、山墙、穿透构件、天窗周边、门窗洞口、转角等部位的连接构造应满足设计要求并符合国家现行标准规定。

★检验方法：观察和尺量检查。

（2）压型金属板搭接部位、各连接节点部位应密封完整、连续，防水满足设计要求。

★检验方法：观察检查和雨后或淋水检验。

四、金属屋面系统

1. 施工现场图

金属屋面系统安装如图 6-29 所示。

> **一般项目质量验收**
> 装配式金属屋面系统保温隔热、防水等材料及构造应满足设计要求并符合国家现行标准的规定。
> ★检验方法：观察检查。

图 6-29　金属屋面系统安装

2. 重点项目质量验收

金属屋面系统防雨（雪）水渗漏及排水构造措施应满足设计要求。

★检验方法：观察检查和雨后检验。

第六节　钢结构涂装工程

一、钢结构防腐涂料涂装

1. 施工现场图

钢结构防腐涂料涂装施工如图 6-30 所示。

一般项目质量验收
　　（1）涂层应均匀，无明显皱皮、流坠、针眼和气泡等。
　　★检验方法：观察检查。
　　（2）涂装完成后，构件的标志、标记和编号应清晰完整。
　　★检验方法：观察检查。

图 6-30　钢结构防腐涂料涂装施工

2. 重点项目质量验收

（1）涂装前钢材表面除锈等级应满足设计要求并符合国家现行标准的规定。处理后的钢材表面不应有焊渣、焊疤、灰尘、油污、水和毛刺等。当设计无要求时，钢材表面除锈等级应符合表 6-33 的规定。

表 6-33　各种底漆或防锈漆要求最低的除锈等级

涂料品种	除锈等级
油性酚醛、醇酸等底漆或防锈漆	St3
高氯化聚乙烯、氯化橡胶、氯磺化聚乙烯、环氧树脂、聚氨酯等底漆或防锈漆	Sa2½
无机富锌、有机硅、过氯乙烯等底漆	Sa2½

　　★检验方法：用铲刀检查和用现行国家标准《涂覆涂料前钢材表面处理　表面清洁度的目视评定　第 1 部分：未涂覆过的钢材表面和全面清除原有涂层后的钢材表面的锈蚀等级和处理等级》（GB/T 8923.1—2011）规定的图片对照观察检查。

　　（2）防腐涂料、涂装遍数、涂装间隔、涂层厚度均应满足设计文件、涂料产品标准的要求。当设计对涂层厚度无要求时，涂层干漆膜总厚度：室外不应小于 $150\mu m$，室内不应小于 $125\mu m$。

　　★检验方法：用干漆膜测厚仪检查。每个构件检测 5 处，每处的数值为 3 个相距 50mm 测点涂层干漆膜厚度的平均值。漆膜厚度的允许偏差应为 $-25\mu m$。

　　（3）金属热喷涂（图 6-31）涂层厚度应满足设计要求。

　　（4）金属热喷涂涂层的外观应均匀一致，涂层不得有气孔、裸露母材的斑点、附着不牢的金属熔融颗粒、裂纹或影响使用寿命的其他缺陷。

　　★检验方法：观察检查。

★检验方法：按现行国家标准《热喷涂涂层厚度的无损测量方法》(GB/T 11374—2012) 的有关规定执行。

图 6-31　金属热喷涂施工

二、钢结构防火涂料涂装

1. 施工现场图

钢结构防火涂料涂装施工如图 6-32 所示。

一般项目质量验收
　　防火涂料涂装基层不应有油污、灰尘和泥砂等污垢。
★检验方法：观察检查。

图 6-32　钢结构防火涂料涂装施工

2. 重点项目质量验收

（1）防火涂料黏结强度、抗压强度应符合现行国家标准《钢结构防火涂料》（GB 14907—2018）的规定。

★检验方法：检查复检报告。

（2）膨胀型（超薄型、薄涂型）防火涂料、厚涂型防火涂料的涂层厚度及隔热性能应满足国家现行标准有关耐火极限的要求，且不应小于 $-200\mu m$。当采用厚涂型防火涂料涂装时，80% 及以上涂层面积应满足国家现行标准有关耐火极限的要求，且最薄处厚度不应低于设计要求的 85%。

★检验方法：膨胀型（超薄型、薄涂型）防火涂料采用涂层厚度测量仪，涂层厚度允许偏差应为 -5%。

（3）超薄型防火涂料（图 6-33）涂层表面不应出现裂纹；薄涂型防火涂料涂层表面裂纹宽度不应大于 0.5mm；厚涂型防火涂料涂层表面裂纹宽度不应大于 1.0mm。

（4）防火涂料不应有误涂、漏涂，涂层应闭合，无脱层、空鼓、明显凹陷、粉化松散和

★检验方法：观察和用尺量检查。

图 6-33　超薄型防火涂料涂装施工

浮浆、乳突等缺陷。

★检验方法：观察检查。

第七章

装饰装修工程施工质量验收

4

第一节　建筑地面工程

一、基层铺设

1. 水泥混凝土垫层和陶粒混凝土垫层

（1）施工现场图

水泥混凝土垫层施工现场如图 7-1 所示。

> **一般项目质量验收**
> 水泥混凝土和陶粒混凝土的强度等级应符合设计要求。陶粒混凝土的密度应为800～1400kg/m³。
> ★检验方法：检查配合比试验报告和强度等级检测报告。

图 7-1　水泥混凝土垫层施工现场

（2）重点项目质量验收

水泥混凝土垫层和陶粒混凝土垫层（图 7-2）采用的粗骨料，其最大粒径不应大于垫层

> ★检验方法：观察检查和检查质量合格证明文件。

图 7-2　陶粒混凝土垫层铺设

厚度的 2/3，含泥量不应大于 3％；砂为中粗砂，其含泥量不应大于 3％。陶粒中粒径小于 5mm 的颗粒含量应小于 10％；粉煤灰陶粒中大于 15mm 的颗粒含量不应大于 5％；陶粒中不得混夹杂物或黏土块。陶粒宜选用粉煤灰陶粒、页岩陶粒等。

2. 找平层铺设

（1）施工现场图

找平层铺设施工现场如图 7-3 所示。

一般项目质量验收
(1)找平层与其下一层结合应牢固，不应有空鼓现象。
★检验方法：用小锤轻击检查。
(2)找平层表面应密实，不应有起砂、蜂窝和裂缝等缺陷。
★检验方法：观察检查。

图 7-3 找平层铺设施工现场

（2）重点项目质量验收

① 找平层采用碎石（图 7-4）或卵石的粒径不应大于其厚度的 2/3，含泥量不应大于 2％；砂为中粗砂，其含泥量不应大于 3％。

★检验方法：观察检查和检查质量合格证明文件。

图 7-4 碎石

② 水泥砂浆体积比、水泥混凝土强度等级应符合设计要求，且水泥砂浆体积比不应小于 1：3（或相应强度等级）；水泥混凝土强度等级不应小于 C15。

★检验方法：观察检查和检查配合比试验报告、强度等级检测报告。

③ 有防水要求的建筑地面工程的立管、套管、地漏处不应渗漏，坡向应正确、无积水。

★检验方法：观察检查和蓄水、泼水检验及坡度尺检查。

④ 在有防静电要求的整体面层的找平层施工前，其下敷设的导电地网系统应与接地引下线和地下接电体有可靠连接，经电性能检测且符合相关要求后进行隐蔽工程验收。

★检验方法：观察检查和检查质量合格证明文件。

二、整体面层铺设

1. 水泥混凝土面层

（1）施工现场图

水泥混凝土面层施工现场如图 7-5 所示。

> **一般项目质量验收**
> （1）面层表面应洁净，不应有裂纹、脱皮、麻面、起砂等缺陷。
> ★检验方法：观察检查。
> （2）面层表面的坡度应符合设计要求，不应有倒泛水和积水现象。
> ★检验方法：观察和采用泼水或用坡度尺检查。

图 7-5　水泥混凝土面层现场压光

（2）重点项目质量验收

① 水泥混凝土采用的粗骨料，最大粒径不应大于面层厚度的 2/3，细石混凝土面层采用的石子粒径不应大于 16mm。

★检验方法：观察检查和检查质量合格证明文件。

② 面层的强度等级应符合设计要求，且强度等级不应小于 C20。

★检验方法：检查配合比试验报告和强度等级检测报告。

③ 面层与下一层应结合牢固，且应无空鼓和开裂。当出现空鼓时，空鼓面积不应大于 400cm²，且每自然间或标准间不应多于 2 处。

★检验方法：观察和用小锤轻击检查。

④ 踢脚线与柱、墙面应紧密结合，踢脚线高度和出柱、墙厚度应符合设计要求且均匀一致。当出现空鼓时，局部空鼓长度不应大于 300mm，且每自然间或标准间不应多于 2 处。

★检验方法：用小锤轻击、用钢尺检查和观察检查。

⑤ 楼梯、台阶踏步（图 7-6）的宽度、高度应符合设计要求。楼层梯段相邻踏步高度差不应大于 10mm；每踏步两端宽度差不应大于 10mm，旋转楼梯梯段的每踏步两端宽度的允许偏差不应大于 5mm。踏步面层应做防滑处理，齿角应整齐，防滑条应顺直、牢固。

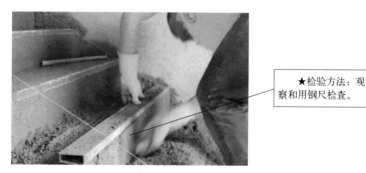

> ★检验方法：观察和用钢尺检查。

图 7-6　台阶踏步施工

2. 水泥砂浆面层

（1）施工现场图

水泥砂浆面层施工现场如图 7-7 所示。

（2）重点项目质量验收

① 水泥砂浆的体积比、强度等级应符合设计要求，且体积比应为 1：2，强度等级不应小于 M15。

一般项目质量验收
　　水泥宜采用硅酸盐水泥、普通硅酸盐水泥，不同品种、不同强度等级的水泥不应混用；砂应为中粗砂，当采用石屑时，其粒径应为1~5mm，且含泥量不应大于3%；防水水泥砂浆采用的砂或石屑，其含泥量不应大于1%。
　　★检验方法：观察检查和检查质量合格证明文件。

图 7-7　水泥砂浆面层施工现场

　　★检验方法：检查强度等级检测报告。

　　② 有排水要求的水泥砂浆地面，坡向应正确、排水通畅；防水水泥砂浆面层不应渗漏。

　　★检验方法：观察检查和蓄水、泼水检验或坡度尺检查及检查检验记录。

3. 水磨石面层

（1）施工现场图

水磨石面层施工现场如图 7-8 所示。

一般项目质量验收
　　面层表面应光滑，且应无裂纹、砂眼和磨痕；石粒应密实，显露应均匀；颜色图案应一致，不混色；分格条应牢固、顺直和清晰。
　　★检验方法：观察检查。

图 7-8　水磨石面层施工现场

　　（2）重点项目质量验收

　　① 水磨石面层的石粒应采用白云石、大理石等岩石加工而成，石粒应洁净无杂物，其粒径除特殊要求外应为 6~16mm；颜料应采用耐光、耐碱的矿物原料，不得使用酸性颜料。

　　★检验方法：观察检查和检查质量合格证明文件。

　　② 水磨石面层拌合料的体积比应符合设计要求，且水泥与石粒的比例应为（1:1.5）~（1:2.5）。

　　★检验方法：检查配合比试验报告。

　　③ 防静电水磨石面层（图 7-9）应在施工前及施工完成表面干燥后进行接地电阻和表面电阻检测，并应做好记录。

三、板块面层铺设

1. 砖面层

（1）施工现场图

砖面层铺设施工现场如图 7-10 所示。

★检验方法：检查施工记录和检测报告。

扫码看视频

水磨石分格
条安装

图 7-9　防静电水磨石面层施工

一般项目质量验收
　　（1）砖面层所用板块产品应符合设计要求和国家现行有关标准的规定。
　　★检验方法：观察检查和检查型式检验报告、出厂检验报告、出厂合格证。
　　（2）砖面层所用板块产品进入施工现场时，应有放射性限量合格的检测报告。
　　★检验方法：检查检测报告。

扫码看视频

砖面层铺设

图 7-10　砖面层铺设施工现场

（2）重点项目质量验收

① 面层与下一层的结合（黏结）应牢固，无空鼓（单块砖边角允许有局部空鼓，但每自然间或标准间的空鼓砖数量不应超过总数的 5%）。

★检验方法：用小锤轻击检查。

② 砖面层的表面应洁净、图案清晰，色泽应一致，接缝应平整，深浅应一致，周边应顺直。板块应无裂纹、掉角和缺棱等缺陷。

★检验方法：观察检查。

③ 面层邻接处的镶边用料及尺寸应符合设计要求，边角应整齐、光滑。

★检验方法：观察和用钢尺检查。

2. 大理石面层和花岗石面层

（1）施工现场图

大理石面层铺设施工如图 7-11 所示。

（2）重点项目质量验收

① 大理石、花岗石面层所用板块产品应符合设计要求和国家现行有关标准的规定。

★检验方法：观察检查和检查质量合格证明文件。

② 大理石、花岗石面层所用板块产品进入施工现场时，应有放射性限量合格的检测报告。

一般项目质量验收

　　大理石、花岗石面层的表面应洁净、平整、无磨痕，且应图案清晰、色泽一致、接缝均匀、周边顺直，镶嵌正确，板块应无裂纹、掉角、缺棱等缺陷。
　　★检验方法：观察检查。

图 7-11　大理石面层铺设施工

★检验方法：检查检测报告。

③ 大理石、花岗石面层铺设前，板块的背面和侧面应进行防碱处理。

★检验方法：观察检查和检查施工记录。

四、其他面层铺设

1. 实木地板、实木集成地板、竹地板面层

（1）施工现场图

实木地板铺设如图 7-12 所示。

扫码看视频

实木地板铺设

一般项目质量验收

　　实木地板、实木集成地板、竹地板面层采用的地板、铺设时的木（竹）材，其含水率、胶黏剂等应符合设计要求和国家现行有关标准的规定。
　　★检验方法：观察检查和检查型式检验报告、出厂检验报告、出厂合格证。

图 7-12　实木地板铺设施工现场

（2）重点项目质量验收

① 木搁栅、垫木和垫层地板等应做防腐、防蛀处理。

★检验方法：观察检查和检查验收记录。

② 木搁栅安装（图 7-13）应牢固、平直。

　　★检验方法：观察、行走、钢尺测量等检查和检查验收记录。

图 7-13　木搁栅安装施工

③ 面层铺设应牢固；黏结应无空鼓、松动。

★检验方法：观察、行走或用小锤轻击检查。

④ 实木地板、实木集成地板面层应刨平、磨光，无明显刨痕和毛刺等现象；图案应清晰、颜色应均匀一致。

★检验方法：观察、手摸和行走检查。

⑤ 竹地板面层的品种与规格应符合设计要求，板面应无翘曲。

★检验方法：观察、用2m靠尺和楔形塞尺检查。

⑥ 面层缝隙应严密；接头位置应错开，表面应平整、洁净。

★检验方法：观察检查。

⑦ 面层采用粘、钉工艺时（图7-14），接缝应对齐，粘、钉应严密；缝隙宽度应均匀一致；表面应洁净，无溢胶现象。

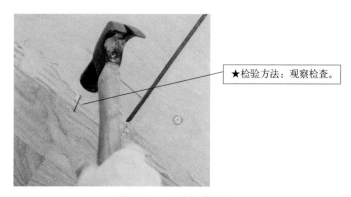

★检验方法：观察检查。

图 7-14 面层钉装施工

⑧ 踢脚线（图7-15）应表面光滑，接缝严密，高度一致。

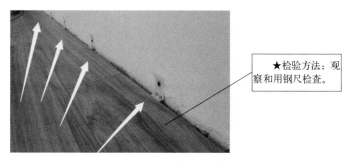

★检验方法：观察和用钢尺检查。

图 7-15 踢脚线安装

2. 实木复合地板面层

（1）施工现场图

实木复合地板安装施工现场如图7-16所示。

（2）重点项目质量验收

① 面层铺设应牢固；粘贴应无空鼓、松动。

★检验方法：观察、行走或用小锤轻击检查。

② 实木复合地板面层图案和颜色应符合设计要求，图案应清晰，颜色应一致，板面应无翘曲。

一般项目质量验收

　　实木复合地板面层采用的地板、胶黏剂等应符合设计要求和国家现行有关标准的规定。

　　★检验方法：观察检查和检查型式检验报告、出厂检验报告、出厂合格证。

图 7-16　实木复合地板安装施工现场

　　★检验方法：观察、用 2m 靠尺和楔形塞尺检查。

　　③ 面层缝隙应严密；接头位置应错开，表面应平整、洁净。

　　★检验方法：观察检查。

第二节　抹灰工程

一、一般抹灰

扫码看视频

一般抹灰施工

1. 施工现场图

一般抹灰施工现场如图 7-17 所示。

一般项目质量验收

　　一般抹灰所用材料的品种和性能应符合设计要求及国家现行标准的有关规定。

　　★检验方法：检查产品合格证书、进场验收记录、性能检验报告和复验报告。

图 7-17　一般抹灰施工现场

2. 重点项目质量验收

（1）抹灰前基层表面的尘土、污垢和油渍等应清除干净（图 7-18），并应洒水润湿或进行界面处理。

（2）抹灰工程应分层进行。当抹灰总厚度大于或等于 35mm 时，应采取加强措施。不同材料基体交接处表面的抹灰，应采取防止开裂的加强措施，当采用加强网（图 7-19）时，加强网与各基体的搭接宽度不应小于 100mm。

（3）抹灰层与基层之间及各抹灰层之间应黏结牢固，抹灰层应无脱层和空鼓，面层应无爆灰和裂缝。

　　★检验方法：观察；用小锤轻击检查；检查施工记录。

（4）一般抹灰工程的表面质量应符合下列规定：

★检验方法：检查施工记录。

图 7-18 抹灰前基层表面清理

★检验方法：检查隐蔽工程验收记录和施工记录。

扫码看视频

采用加强网
抹灰施工

图 7-19 钉挂加强网

① 普通抹灰表面应光滑、洁净、接槎平整，分格缝应清晰；

② 高级抹灰表面应光滑、洁净、颜色均匀、无抹纹，分格缝和灰线应清晰美观。

★检验方法：观察；手摸检查。

（5）护角、孔洞、槽、盒周围的抹灰表面应整齐、光滑；管道后面的抹灰表面应平整。

★检验方法：观察。

（6）抹灰分格缝（图 7-20）的设置应符合设计要求，宽度和深度应均匀，表面应光滑，棱角应整齐。

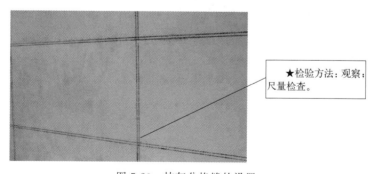

★检验方法：观察；尺量检查。

图 7-20 抹灰分格缝的设置

（7）有排水要求的部位应做滴水线（槽）。滴水线（槽）应整齐顺直，滴水线应内高外低，滴水槽的宽度和深度应满足设计要求，且均不应小于 10mm。

★检验方法：观察；尺量检查。

（8）一般抹灰工程质量的允许偏差和检验方法应符合表 7-1 的规定。

表 7-1 一般抹灰工程质量的允许偏差和检验方法

项目	允许偏差/mm		检验方法
	普通抹灰	高级抹灰	
立面垂直度	4	3	用 2m 垂直检测尺检查
表面平整度	4	3	用 2m 靠尺和塞尺检查
阴阳角方正	4	3	用 200mm 直角检测尺检查
分格条(缝)直线度	4	3	拉 5m 线,不足 5m 拉通线,用钢直尺检查
墙裙、勒脚上口直线度	4	3	拉 5m 线,不足 5m 拉通线,用钢直尺检查

二、保温层薄抹灰

1. 施工现场图

保温层薄抹灰施工现场如图 7-21 所示。

一般项目质量验收
　　保温层薄抹灰所用材料的品种和性能应符合设计要求及国家现行标准的有关规定。
　　★检验方法：检查产品合格证书、进场验收记录、性能检验报告和复验报告。

图 7-21 保温层薄抹灰施工现场

2. 重点项目质量验收

（1）基层质量应符合设计和施工方案的要求。基层表面的尘土、污垢和油渍等应清除干净。基层含水率应满足施工工艺的要求。

★检验方法：检查施工记录。

（2）保温层薄抹灰及其加强处理应符合设计要求和国家现行标准的有关规定。

★检验方法：检查隐蔽工程验收记录和施工记录。

（3）抹灰层与基层之间及各抹灰层之间应黏结牢固，抹灰层应无脱层和空鼓，面层应无爆灰和裂缝。

★检验方法：观察；用小锤轻击检查；检查施工记录。

（4）保温层薄抹灰表面应光滑、洁净、颜色均匀、无抹纹，分格缝和灰线应清晰美观。

★检验方法：观察；手摸检查。

（5）保温层薄抹灰层的总厚度应符合设计要求。

★检验方法：检查施工记录。

（6）保温层薄抹灰分格缝的设置应符合设计要求，宽度和深度应均匀，表面应光滑，棱角应整齐。

★检验方法：观察；尺量检查。

（7）保温层薄抹灰工程质量的允许偏差和检验方法应符合表 7-2 的规定。

表 7-2　保温层薄抹灰工程质量的允许偏差和检验方法

项目	允许偏差/mm	检验方法
立面垂直度	3	用 2m 垂直检测尺检查
表面平整度	3	用 2m 靠尺和塞尺检查
阴阳角方正	3	用 200mm 直角检测尺检查
分格条(缝)直线度	3	拉 5m 线,不足 5m 拉通线,用钢直尺检查

三、装饰抹灰

扫码看视频

装饰抹灰施工

1. 施工现场图

装饰抹灰施工现场如图 7-22 所示。

一般项目质量验收
　　装饰抹灰工程所用材料的品种和性能应符合设计要求及国家现行标准的有关规定。
　　★检验方法：检查产品合格证书、进场验收记录、性能检验报告和复验报告。

图 7-22　装饰抹灰施工现场

2. 重点项目质量验收

（1）抹灰前基层表面的尘土、污垢和油渍等应清除干净，并应洒水润湿或进行界面处理。

　　★检验方法：检查施工记录。

（2）抹灰工程应分层进行。当抹灰总厚度大于或等于 35mm 时，应采取加强措施。不同材料基体交接处表面的抹灰，应采取防止开裂的加强措施，当采用加强网时，加强网与各基体的搭接宽度不应小于 100mm。

　　★检验方法：检查隐蔽工程验收记录和施工记录。

（3）装饰抹灰工程的表面质量应符合下列规定：

① 水刷石（图 7-23）表面应石粒清晰、分布均匀、紧密平整、色泽一致，应无掉粒和接槎痕迹；

图 7-23　水刷石抹灰施工

② 斩假石表面剁纹应均匀顺直、深浅一致，应无漏剁处；阳角处应横剁并留出宽窄一致的不剁边条，棱角应无损坏；

③ 干粘石表面应色泽一致、不露浆、不漏粘，石粒应黏结牢固、分布均匀，阳角处应

无明显黑边；

④ 假面砖表面应平整、沟纹清晰、留缝整齐、色泽一致，应无掉角、脱皮和起砂等缺陷。

★检验方法：观察；手摸检查。

（4）装饰抹灰分格条（缝）的设置应符合设计要求，宽度和深度应均匀，表面应平整光滑，棱角应整齐。

★检验方法：观察。

（5）装饰抹灰工程质量的允许偏差和检验方法应符合表 7-3 的规定。

表 7-3　装饰抹灰工程质量的允许偏差和检验方法

项目	允许偏差/mm				检验方法
	水刷石	斩假石	干粘石	假面砖	
立面垂直度	5	4	5	5	用 2m 垂直检测尺检查
表面平整度	3	3	5	4	用 2m 靠尺和塞尺检查
阳角方正	3	3	4	4	用 200mm 直角检测尺检查
分格条(缝)直线度	3	3	3	3	拉 5m 线,不足 5m 拉通线,用钢直尺检查
墙裙、勒脚上口直线度	3	3	—	—	拉 5m 线,不足 5m 拉通线,用钢直尺检查

四、清水砌体勾缝

1. 施工现场图

清水砌体勾缝施工现场如图 7-24 所示。

一般项目质量验收

　　清水砌体勾缝所用砂浆的品种和性能应符合设计要求及国家现行标准的有关规定。

　　★检验方法：检查产品合格证书、进场验收记录、性能检验报告和复验报告。

图 7-24　清水砌体勾缝施工现场

2. 重点项目质量验收

（1）清水砌体勾缝应无漏勾。勾缝材料应黏结牢固、无开裂。

★检验方法：观察。

（2）清水砌体勾缝应横平竖直，交接处应平顺，宽度和深度应均匀，表面应压实抹平。勾缝宽度和深度检验如图 7-25 所示。

（3）灰缝应颜色一致，砌体表面应洁净。

★检验方法：观察。

★检验方法：观察；尺量检查。

图 7-25 勾缝宽度和深度检验

第三节　外墙防水工程

一、砂浆防水

1. 施工现场图

外墙砂浆防水施工现场如图 7-26 所示。

一般项目质量验收

（1）砂浆防水层所用砂浆品种及性能应符合设计要求及国家现行标准的有关规定。

★检验方法：检查产品合格证书、性能检验报告、进场验收记录和复验报告。

（2）砂浆防水层厚度应符合设计要求。

★检验方法：尺量检查；检查施工记录。

图 7-26 外墙砂浆防水施工现场

2. 重点项目质量验收

（1）砂浆防水层在变形缝、门窗洞口、穿外墙管道和预埋件等部位的做法应符合设计要求。

★检验方法：观察；检查隐蔽工程验收记录。

（2）砂浆防水层与基层之间及防水层各层之间应黏结牢固，不得有空鼓现象。

★检验方法：观察；用小锤轻击检查。

（3）砂浆防水层表面应密实、平整，不得有裂纹、起砂和麻面等缺陷。

★检验方法：观察。

二、涂膜防水

1. 施工现场图

外墙涂膜防水施工现场如图 7-27 所示。

2. 重点项目质量验收

（1）涂膜防水层在变形缝、门窗洞口、穿外墙管道、预埋件等部位的做法应符合设计要求。

一般项目质量验收

涂膜防水层所用防水涂料及配套材料的品种及性能应符合设计要求及国家现行标准的有关规定。

★检验方法：检查产品出厂合格证书、性能检验报告、进场验收记录和复验报告。

图 7-27　外墙涂膜防水施工现场

★检验方法：观察；检查隐蔽工程验收记录。

（2）涂膜防水层与基层之间应黏结牢固。

★检验方法：观察。

（3）涂膜防水层表面应平整，涂刷应均匀，不得有流坠、露底、气泡、皱褶和翘边等缺陷。

★检验方法：观察。

（4）涂膜防水层的厚度（图 7-28）应符合设计要求。

★检验方法：针测法或割取20mm×20mm实样用卡尺测量。

图 7-28　涂膜防水层厚度控制

三、透气膜防水

1. 施工现场图

透气膜防水施工现场如图 7-29 所示。

一般项目质量验收

（1）防水透气膜应与基层黏结固定牢固。

★检验方法：观察。

（2）透气膜防水层不得有渗漏现象。

★检验方法：检查雨后或现场淋水检验记录。

图 7-29　透气膜防水施工现场

2. 重点项目质量验收

（1）透气膜防水层所用透气膜（图 7-30）及配套材料的品种及性能应符合设计要求及国家现行标准的有关规定。

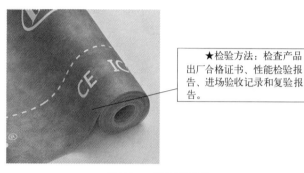

★检验方法：检查产品出厂合格证书、性能检验报告、进场验收记录和复验报告。

图 7-30 透气膜材料

（2）透气膜防水层在变形缝、门窗洞口、穿外墙管道和预埋件等部位的做法应符合设计要求。

★检验方法：观察；检查隐蔽工程验收记录。

（3）透气膜防水层表面应平整，不得有皱褶、伤痕、破裂等缺陷。

★检验方法：观察。

（4）防水透气膜的铺贴方向应正确，纵向搭接缝应错开，搭接宽度应符合设计要求。

★检验方法：观察；尺量检查。

（5）防水透气膜的搭接缝应黏结牢固、密封严密；收头应与基层黏结固定牢固，缝口应严密，不得有翘边现象。

★检验方法：观察。

第四节　门窗工程

一、木门窗安装

1. 施工现场图

木窗安装施工现场如图 7-31 所示。

一般项目质量验收
（1）木门窗表面应洁净，不得有刨痕和锤印。
★检验方法：观察。
（2）木门窗上的槽和孔应边缘整齐，无毛刺。
★检验方法：观察。

图 7-31 木窗安装施工现场

2. 重点项目质量验收

（1）木门窗的品种、类型、规格、尺寸、开启方向、安装位置、连接方式及性能应符合设计要求及国家现行标准的有关规定。

★检验方法：观察；尺量检查；检查产品合格证书、性能检验报告、进场验收记录和复验报告；检查隐蔽工程验收记录。

（2）木门窗框的安装应牢固。预埋木砖的防腐处理、木门窗框固定点的数量、位置和固定方法应符合设计要求。

★检验方法：观察；手扳检查；检查隐蔽工程验收记录和施工记录。

（3）木门窗扇应安装牢固、开关灵活、关闭严密、无倒翘。

★检验方法：观察；开启和关闭检查；手扳检查。

（4）木门窗配件的型号、规格和数量应符合设计要求，安装应牢固，位置应正确，功能应满足使用要求。

★检验方法：观察；开启和关闭检查；手扳检查。

（5）木门窗批水、盖口条、压缝条和密封条安装应顺直，与门窗结合应牢固、严密。

★检验方法：观察；手扳检查。

（6）平开木门窗安装的留缝限值、允许偏差和检验方法应符合表 7-4 的规定。

表 7-4　平开木门窗安装的留缝限值、允许偏差和检验方法　　　　单位：mm

项目		留缝限值	允许偏差	检验方法
门窗框的正、侧面垂直度		—	2	用 1m 垂直检测尺检查
框与扇接缝高低差		—	1	用塞尺检查
扇与扇接缝高低差		—	1	
门窗扇对口缝		1～4	—	
工业厂房、围墙双扇大门对口缝		2～7	—	
门窗扇与上框间留缝		1～3	—	
门窗扇与合页侧框间留缝		1～3	—	
室外门扇与锁侧框间留缝		1～3	—	
门扇与下框间留缝		3～5	—	
窗扇与下框间留缝		1～3	—	
双层门窗内外框间距		—	4	用钢直尺检查
无下框时门窗与地面间留缝	室外门	4～7	—	用钢直尺或塞尺检查
	室内门	4～8	—	
	卫生间门			
	厂房大门	10～20	—	
	围墙大门			
框与扇搭接宽度	门	—	2	用钢直尺检查
	窗	—	1	

二、金属门窗安装

1. 施工现场图

金属窗安装施工现场如图 7-32 所示。

2. 重点项目质量验收

（1）金属门窗的品种、类型、规格、尺寸、性能、开启方向、安装位置、连接方式及门

一般项目质量验收
(1) 金属门窗推拉门窗扇开关力不应大于50N。
★检验方法：用测力计检查。
(2) 排水孔应畅通，位置和数量应符合设计要求。
★检验方法：观察。

图 7-32　金属窗安装施工现场

窗的型材壁厚应符合设计要求及国家现行标准的有关规定。金属门窗的防雷、防腐处理及填嵌、密封处理应符合设计要求。

★检验方法：观察；尺量检查；检查产品合格证书、性能检验报告、进场验收记录和复验报告；检查隐蔽工程验收记录。

(2) 金属门窗框和附框的安装应牢固。预埋件及锚固件的数量、位置、埋设方式、与框的连接方式应符合设计要求。

★检验方法：手扳检查；检查隐蔽工程验收记录。

(3) 金属门窗扇应安装牢固、开关灵活、关闭严密、无倒翘。推拉门窗扇应安装防止扇脱落的装置。钢窗扇安装现场如图 7-33 所示。

★检验方法：观察；开启和关闭检查；手扳检查。

图 7-33　钢窗扇安装现场

(4) 金属门窗表面应洁净、平整、光滑、色泽一致，应无锈蚀、擦伤、划痕和碰伤。漆膜或保护层应连续。型材的表面处理应符合设计要求及国家现行标准的有关规定。

★检验方法：观察。

(5) 金属门窗框与墙体之间的缝隙应填嵌饱满，并应采用密封胶密封（图 7-34）。密封胶表面应光滑、顺直、无裂纹。

(6) 金属门窗扇的密封胶条或密封毛条装配应平整、完好，不得脱槽，交角处应平顺。

★检验方法：观察；开启和关闭检查。

(7) 钢门窗安装的留缝限值、允许偏差和检验方法应符合表 7-5 的规定。

★检验方法：观察；轻敲门窗框检查；检查隐蔽工程验收记录。

图 7-34 缝隙采用密封胶密封

表 7-5 钢门窗安装的留缝限值、允许偏差和检验方法 单位：mm

项目		留缝限值	允许偏差	检验方法
门窗槽口宽度、高度	≤1500	—	2	用钢卷尺检查
	>1500	—	3	
门窗槽口对角线长度差	≤2000	—	3	用钢卷尺检查
	>2000	—	4	
门窗框的正、侧面垂直度		—	3	用1m垂直检测尺检查
门窗横框的水平度		—	3	用1m水平尺和塞尺检查
门窗横框标高		—	5	用钢卷尺检查
门窗竖向偏离中心		—	4	用钢卷尺检查
双层门窗内外框间距		—	5	用钢卷尺检查
门窗框、扇配合间隙		≤2	—	用塞尺检查
平开门窗框扇搭接宽度	门	≥6	—	用钢直尺检查
	窗	≥4	—	用钢直尺检查
推拉门窗框扇搭接宽度		≥6	—	用钢直尺检查
无下框时门扇与地面间留缝		4～8	—	用塞尺检查

（8）铝合金门窗安装的允许偏差和检验方法应符合表 7-6 的规定。

表 7-6 铝合金门窗安装的允许偏差和检验方法 单位：mm

项目		允许偏差	检验方法
门窗槽口宽度、高度	≤2000	2	用钢卷尺检查
	>2000	3	
门窗槽口对角线长度差	≤2500	4	用钢卷尺检查
	>2500	5	
门窗框的正、侧面垂直度		2	用1m垂直检测尺检查
门窗横框的水平度		2	用1m水平尺和塞尺检查
门窗横框标高		5	用钢卷尺检查
门窗竖向偏离中心		5	用钢卷尺检查
双层门窗内外框间距		4	用钢卷尺检查
推拉门窗扇与框搭接宽度	门	2	用钢直尺检查
	窗	1	

（9）涂色镀锌钢板门窗安装的允许偏差和检验方法应符合表 7-7 的规定。

表 7-7   涂色镀锌钢板门窗安装的允许偏差和检验方法　　　　　单位：mm

项目		允许偏差	检验方法
门窗槽口宽度、高度	≤1500	2	用钢卷尺检查
	>1500	3	
门窗槽口对角线长度差	≤2000	4	用钢卷尺检查
	>2000	5	
门窗框的正、侧面垂直度		3	用1m垂直检测尺检查
门窗横框的水平度		3	用1m水平尺和塞尺检查
门窗横框标高		5	用钢卷尺检查
门窗竖向偏离中心		5	用钢卷尺检查
双层门窗内外框间距		4	用钢卷尺检查
推拉门扇与框搭接宽度		2	用钢直尺检查

三、塑料门窗安装

1. 施工现场图

塑料窗安装施工现场如图 7-35 所示。

一般项目质量验收
　　（1）门窗表面应洁净、平整、光滑，颜色应均匀一致。可视面应无划痕、碰伤等缺陷，门窗不得有焊角开裂和型材断裂等现象。
　　★检验方法：观察。
　　（2）旋转窗间隙应均匀。
　　★检验方法：观察。
　　（3）排水孔应畅通，位置和数量应符合设计要求。
　　★检验方法：观察。

图 7-35   塑料窗安装施工现场

2. 重点项目质量验收

（1）塑料门窗框、附框和扇的安装应牢固。固定片或膨胀螺栓的数量与位置应正确，连接方式应符合设计要求。固定点应距窗角、中横框、中竖框 150～200mm，固定点间距不应大于 600mm。

★检验方法：观察；手扳检查；尺量检查；检查隐蔽工程验收记录。

（2）塑料组合门窗使用的拼樘料截面尺寸及内衬增强型钢的形状和壁厚应符合设计要求。承受风荷载的拼樘料应采用与其内腔紧密吻合的增强型钢作为内衬，其两端应与洞口固定牢固。窗框应与拼樘料连接紧密，固定点间距不应大于 600mm。

★检验方法：观察；手扳检查；尺量检查；吸铁石检查；检查进场验收记录。

（3）塑料门窗配件的型号、规格和数量应符合设计要求，安装应牢固，位置应正确，使用应灵活，功能应满足各自使用要求。平开窗扇高度大于 900mm 时，窗扇锁闭点不应少于 2 个。

★检验方法：观察；手扳检查；尺量检查。

（4）塑料门窗扇的开关力应符合下列规定：

① 平开门窗扇平铰链的开关力不应大于 80N；滑撑铰链的开关力不应大于 80N，并不

应小于30N；

②推拉门窗扇的开关力不应大于100N。

★检验方法：观察；用测力计检查。

（5）塑料门窗安装的允许偏差和检验方法应符合表7-8的规定。

表7-8　塑料门窗安装的允许偏差和检验方法　　　　单位：mm

项目		允许偏差	检验方法
门、窗框外形（高、宽）尺寸长度差	≤1500	2	用钢卷尺检查
	>1500	3	
门、窗框对角线长度差	≤2000	3	用钢卷尺检查
	>2000	5	
门、窗框（含拼樘料）正、侧面垂直度		3	用1m垂直检测尺检查
门、窗框（含拼樘料）水平度		3	用1m水平尺和塞尺检查
门、窗下横框的标高		5	用钢卷尺检查，与基准线比较
门、窗竖向偏离中心		5	用钢卷尺检查
双层门、窗内外框间距		4	用钢卷尺检查
平开门窗及上悬、下悬、中悬窗	门、窗扇与框搭接宽度	2	用深度尺或钢直尺检查
	同樘门、窗相邻扇的水平高度差	2	用深度尺或钢直尺检查
	门、窗框扇四周的配合间隙	1	用楔形塞尺检查
推拉门窗	门、窗扇与框搭接宽度	2	用深度尺或钢直尺检查
	门、窗扇与框或相邻扇立边平行度	2	用钢直尺检查
组合门窗	平整度	3	用2m靠尺和钢直尺检查
	缝直线度	3	用2m靠尺和钢直尺检查

四、特种门安装

1. 施工现场图

自动门安装施工现场如图7-36所示。

一般项目质量验收
（1）特种门的质量和性能应符合设计要求。
★检验方法：检查生产许可证、产品合格证书和性能检验报告。
（2）特种门的表面应洁净，应无划痕和碰伤。
★检验方法：观察。

图7-36　自动门安装施工现场

2. 重点项目质量验收

（1）特种门的品种、类型、规格、尺寸、开启方向、安装位置和防腐处理应符合设计要求及国家现行标准的有关规定。

★检验方法：观察；尺量检查；检查进场验收记录和隐蔽工程验收记录。

（2）带有机械装置、自动装置或智能化装置的特种门，其机械装置、自动装置或智能化装置的功能应符合设计要求。

★检验方法：启动机械装置、自动装置或智能化装置，观察。

（3）特种门的安装应牢固。预埋件及锚固件的数量、位置、埋设方式、与框的连接方式应符合设计要求。

★检验方法：观察；手扳检查；检查隐蔽工程验收记录。

（4）推拉自动门的感应时间限值和检验方法应符合表 7-9 的规定。

表 7-9　推拉自动门的感应时间限值和检验方法

项目	感应时间限值/s	检验方法
开门响应时间	≤0.5	用秒表检查
堵门保护延时	16～20	用秒表检查
门扇全开启后保持时间	13～17	用秒表检查

（5）人行自动门活动扇在启闭过程中对所要求保护的部位应留有安全间隙。安全间隙应小于 8mm 或大于 25mm。

★检验方法：用钢直尺检查。

（6）自动门安装的允许偏差和检验方法应符合表 7-10 的规定。

表 7-10　自动门安装的允许偏差和检验方法

项目	允许偏差/mm				检验方法
	推拉自动门	平开自动门	折叠自动门	旋转自动门	
上框、平梁水平度	1	1	1	—	用1m水平尺和塞尺检查
上框、平梁直线度	2	2	2	—	用钢直尺和塞尺检查
立框垂直度	1	1	1	1	用1m垂直检测尺检查
导轨和平梁平行度	2	—	2	2	用钢直尺检查
门框固定扇内侧对角线尺寸	2	2	2	2	用钢卷尺检查
活动扇与框、横梁、固定扇间隙差	1	1	1	1	用钢直尺检查
板材对接接缝平整度	0.3	0.3	0.3	0.3	用2m靠尺和塞尺检查

（7）自动门切断电源，应能手动开启，开启力和检验方法应符合表 7-11 的规定。

表 7-11　自动门手动开启力和检验方法

门的启闭方式	手动开启力/N	检验方法
推拉自动门	≤100	
平开自动门	≤100(门扇边梃着力点)	用测力计检查
折叠自动门	≤100(垂直于门扇折叠处铰链推拉)	
旋转自动门	150～300(门扇边梃着力点)	

五、门窗玻璃安装

1. 施工现场图

窗户玻璃安装施工现场如图 7-37 所示。

2. 重点项目质量验收

（1）玻璃的安装方法应符合设计要求。固定玻璃的钉子或钢丝卡的数量、规格应保证玻璃安装牢固。

一般项目质量验收
(1) 玻璃的层数、品种、规格、尺寸、色彩、图案和涂膜朝向应符合设计要求。
★检验方法：观察；检查产品合格证书、性能检验报告和进场验收记录。
(2) 密封条不得卷边、脱槽，密封条接缝应粘接。
★检验方法：观察。
(3) 门窗玻璃裁割尺寸应正确。安装后的玻璃应牢固，不得有裂纹、损伤和松动。
★检验方法：观察；轻敲检查。

图 7-37 窗户玻璃安装

★检验方法：观察；检查施工记录。

（2）镶钉木压条接触玻璃处应与裁口边缘平齐。木压条应互相紧密连接，并应与裁口边缘紧贴，割角应整齐。

★检验方法：观察。

（3）密封条与玻璃、玻璃槽口的接触应紧密、平整。密封胶与玻璃、玻璃槽口的边缘应黏结牢固、接缝平齐。密封打胶施工如图 7-38 所示。

★检验方法：观察。

图 7-38 密封打胶施工

（4）带密封条的玻璃压条，其密封条应与玻璃贴紧，压条与型材之间应无明显缝隙。

★检验方法：观察；尺量检查。

（5）腻子及密封胶应填抹饱满、黏结牢固；腻子及密封胶边缘与裁口应平齐。固定玻璃的卡子不应在腻子表面显露。

★检验方法：观察。

第五节　吊顶工程

一、整体面层吊顶

1. 施工现场图

整体面层吊顶施工现场如图 7-39 所示。

一般项目质量验收
    （1）吊顶标高、尺寸、起拱和造型应符合设计要求。
    ★检验方法：观察；尺量检查。
    （2）面层材料的材质、品种、规格、图案、颜色和性能应符合设计要求及国家现行标准的有关规定。
    ★检验方法：观察；检查产品合格证书、性能检验报告、进场验收记录和复验报告。

图 7-39　整体面层吊顶施工现场

2. 重点项目质量验收

（1）整体面层吊顶工程的吊杆、龙骨（图 7-40）和面板的安装应牢固。

★检验方法：观察；手扳检查；检查隐蔽工程验收记录和施工记录。

扫码看视频

龙骨安装

图 7-40　龙骨安装

（2）吊杆和龙骨的材质、规格、安装间距及连接方式应符合设计要求。金属吊杆和龙骨应经过表面防腐处理；木龙骨应进行防腐（图 7-41）、防火处理。

★检验方法：观察；尺量检查；检查产品合格证书、性能检验报告、进场验收记录和隐蔽工程验收记录。

扫码看视频

木龙骨防腐处理

图 7-41　木龙骨防腐处理

（3）石膏板（图 7-42）、水泥纤维板的接缝应按其施工工艺标准进行板缝防裂处理。安装双层板时，面层板与基层板的接缝应错开，并不得在同一根龙骨上接缝。

（4）面层材料表面应洁净、色泽一致，不得有翘曲、裂缝及缺损。压条应平直、宽窄一致。

★检验方法：观察；尺量检查。

（5）金属龙骨的接缝应均匀一致，角缝应吻合，表面应平整，应无翘曲和锤印。木质龙骨应顺直，应无劈裂和变形。

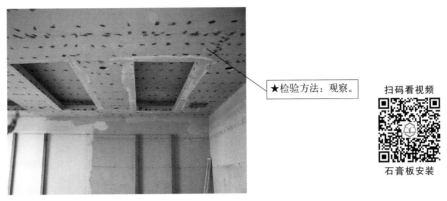

★检验方法：观察。

扫码看视频

石膏板安装

图 7-42 石膏板安装

★检验方法：检查隐蔽工程验收记录和施工记录。

（6）整体面层吊顶工程安装的允许偏差和检验方法应符合表 7-12 的规定。

表 7-12 整体面层吊顶工程安装的允许偏差和检验方法

项目	允许偏差/mm	检验方法
表面平整度	3	用 2m 靠尺和塞尺检查
缝格、凹槽直线度	3	拉 5m 线，不足 5m 拉通线，用钢直尺检查

二、板块面层吊顶

1. 施工现场图

板块面层吊顶施工现场如图 7-43 所示。

一般项目质量验收
（1）吊顶标高、尺寸、起拱和造型应符合设计要求。
★检验方法：观察；尺量检查。
（2）板块面层吊顶工程的吊杆和龙骨安装应牢固。
★检验方法：手扳检查；检查隐蔽工程验收记录和施工记录。

图 7-43 板块面层吊顶施工现场

2. 重点项目质量验收

（1）面层材料的材质、品种、规格、图案、颜色和性能应符合设计要求及国家现行标准的有关规定。当面层材料为玻璃板时，应使用安全玻璃并采取可靠的安全措施。

★检验方法：观察；检查产品合格证书、性能检验报告、进场验收记录和复验报告。

（2）面板的安装应稳固严密。面板与龙骨的搭接宽度应大于龙骨受力面宽度的 2/3。

★检验方法：观察；手扳检查；尺量检查。

（3）吊杆和龙骨的材质、规格、安装间距及连接方式应符合设计要求。金属吊杆（图7-44）和龙骨应进行表面防腐处理；木龙骨应进行防腐、防火处理。

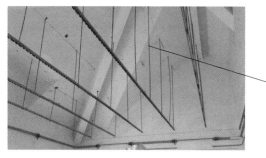

★检验方法：观察；尺量检查；检查产品合格证书、性能检验报告、进场验收记录和隐蔽工程验收记录。

图 7-44　金属吊杆安装

（4）面层材料表面应洁净、色泽一致，不得有翘曲、裂缝及缺损。面板与龙骨的搭接应平整、吻合，压条应平直、宽窄一致。

★检验方法：观察；尺量检查。

（5）板块面层吊顶工程安装的允许偏差和检验方法应符合表 7-13 的规定。

表 7-13　板块面层吊顶工程安装的允许偏差和检验方法

项目	允许偏差/mm				检验方法
	石膏板	金属板	矿棉板	木板、塑料板、玻璃板、复合板	
表面平整度	3	2	3	2	用 2m 靠尺和塞尺检查
接缝直线度	3	2	3	3	拉 5m 线,不足 5m 拉通线,用钢直尺检查
接缝高低差	1	1	2	1	用钢直尺和塞尺检查

三、格栅吊顶

1. 施工现场图

格栅吊顶施工现场如图 7-45 所示。

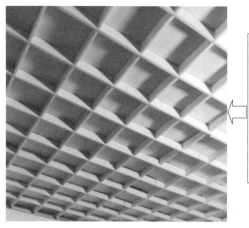

一般项目质量验收

（1）吊顶标高、尺寸、起拱和造型应符合设计要求。

★检验方法：观察；尺量检查。

（2）格栅的材质、品种、规格、图案、颜色和性能应符合设计要求及国家现行标准的有关规定。

★检验方法：观察；检查产品合格证书、性能检验报告、进场验收记录和复验报告。

图 7-45　格栅吊顶施工现场

2. 重点项目质量验收

（1）格栅吊顶工程的吊杆、龙骨和格栅的安装应牢固。

★检验方法：观察；手扳检查；检查隐蔽工程验收记录和施工记录。

（2）格栅表面应洁净、色泽一致，不得有翘曲、裂缝及缺损。栅条角度应一致，边缘应整齐，接口应无错位。压条应平直、宽窄一致。

★检验方法：观察；尺量检查。

（3）格栅吊顶内楼板、管线设备等表面处理应符合设计要求，吊顶内各种设备管线布置应合理、美观。

★检验方法：观察。

（4）格栅吊顶工程安装的允许偏差和检验方法应符合表 7-14 的规定。

表 7-14　格栅吊顶工程安装的允许偏差和检验方法

项目	允许偏差/mm		检验方法
	金属格栅	木格栅、塑料格栅、复合材料格栅	
表面平整度	2	3	用 2m 靠尺和塞尺检查
格栅直线度	2	3	拉 5m 线，不足 5m 拉通线，用钢直尺检查

第六节　轻质隔墙工程

一、板材隔墙工程

1. 施工现场图

板材隔墙施工现场如图 7-46 所示。

一般项目质量验收
（1）板材隔墙表面应光洁、平顺、色泽一致，接缝应均匀、顺直。
★检验方法：观察；手摸检查。
（2）隔墙上的孔洞、槽、盒应位置正确、套割方正、边缘整齐。
★检验方法：观察。

图 7-46　板材隔墙施工现场

2. 重点项目质量验收

（1）隔墙板材（图 7-47）的品种、规格、颜色和性能应符合设计要求。有隔声、隔热、阻燃和防潮等特殊要求的工程，板材应有相应性能等级的检验报告。

（2）安装隔墙板材所需预埋件、连接件的位置、数量及连接方法应符合设计要求。

★检验方法：观察；检查产品合格证书、进场验收记录和性能检验报告。

图 7-47　隔墙板材现场堆放

★检验方法：观察；尺量检查；检查隐蔽工程验收记录。

（3）隔墙板材安装（图 7-48）应牢固。

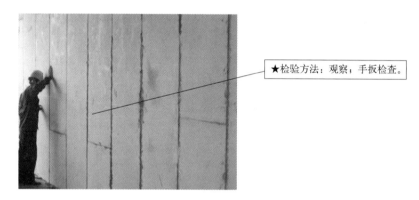

★检验方法：观察；手扳检查。

图 7-48　隔墙板材安装

（4）隔墙板材所用接缝材料的品种及接缝方法应符合设计要求。隔墙板材接缝施工如图 7-49 所示。

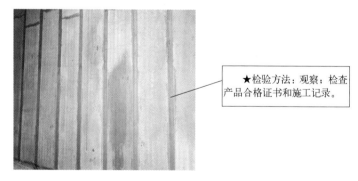

★检验方法：观察；检查产品合格证书和施工记录。

图 7-49　隔墙板材接缝施工

（5）隔墙板材安装（图 7-50）应位置正确，板材不应有裂缝或缺损。

（6）板材隔墙安装的允许偏差和检验方法应符合表 7-15 的规定。

★检验方法：观察；尺量检查。

图 7-50　隔墙板材安装检验

表 7-15　板材隔墙安装的允许偏差和检验方法

项目	允许偏差/mm				检验方法
	复合轻质墙板		石膏空心板	增强水泥板、混凝土轻质板	
	金属夹芯板	其他复合板			
立面垂直度	2	3	3	3	用 2m 垂直检测尺检查
表面平整度	2	3	3	3	用 2m 靠尺和塞尺检查
阴阳角方正	3	3	3	4	用 200mm 直角检测尺检查
接缝高低差	1	2	2	3	用钢直尺和塞尺检查

二、骨架隔墙工程

扫码看视频

骨架隔墙施工

1. 施工现场图

骨架隔墙施工现场如图 7-51 所示。

一般项目质量验收

(1) 骨架隔墙表面应平整光滑、色泽一致、洁净、无裂缝，接缝应均匀、顺直。

★检验方法：观察，手摸检查。

(2) 骨架隔墙上的孔洞、槽、盒应位置正确、套割吻合、边缘整齐。

★检验方法：观察。

(3) 骨架隔墙内的填充材料应干燥，填充应密实、均匀、无下坠。

★检验方法：轻敲检查；检查隐蔽工程验收记录。

图 7-51　骨架隔墙施工现场

2. 重点项目质量验收

(1) 骨架隔墙所用龙骨（图 7-52）、配件、墙面板、填充材料及嵌缝材料的品种、规格、性能和木材的含水率应符合设计要求。有隔声、隔热、阻燃和防潮等特殊要求的工程，材料应有相应性能等级的检验报告。

(2) 骨架隔墙地梁所用材料、尺寸及位置等应符合设计要求。骨架隔墙的沿地、沿顶及边框龙骨应与基体结构连接牢固。沿地龙骨安装如图 7-53 所示。

★检验方法：观察；检查产品合格证书、进场验收记录、性能检验报告和复验报告。

扫码看视频

龙骨安装

图 7-52　龙骨安装

★检验方法：手扳检查；尺量检查；检查隐蔽工程验收记录。

图 7-53　沿地龙骨安装

（3）骨架隔墙中龙骨间距和构造连接方法应符合设计要求。骨架内设备管线的安装、门窗洞口等部位加强龙骨的安装应牢固、位置正确。填充材料（图 7-54）的品种、厚度及设置应符合设计要求。

★检验方法：检查隐蔽工程验收记录。

图 7-54　隔墙填充材料

（4）木龙骨（图 7-55）及木墙面板的防火和防腐处理应符合设计要求。

（5）骨架隔墙的墙面板（图 7-56）应安装牢固，无脱层、翘曲、折裂及缺损。

（6）墙面板所用接缝材料的接缝方法应符合设计要求墙面板接缝施工如图 7-57 所示。

（7）骨架隔墙安装的允许偏差和检验方法应符合表 7-16 的规定。

★检验方法：检查隐蔽工程验收记录。

图 7-55　木龙骨安装

★检验方法：观察；手扳检查。

图 7-56　墙面板安装

★检验方法：观察。

图 7-57　墙面板接缝施工

表 7-16　骨架隔墙安装的允许偏差和检验方法

项目	允许偏差/mm		检验方法
	纸面石膏板	人造木板、水泥纤维板	
立面垂直度	3	4	用 2m 垂直检测尺检查
表面平整度	3	3	用 2m 靠尺和塞尺检查
阴阳角方正	3	3	用 200mm 直角检测尺检查
接缝直线度	—	3	拉 5m 线，不足 5m 拉通线，用钢直尺检查
压条直线度	—	3	拉 5m 线，不足 5m 拉通线，用钢直尺检查
接缝高低差	1	1	用钢直尺和塞尺检查

三、活动隔墙工程

1. 施工现场图

活动隔墙施工现场如图 7-58 所示。

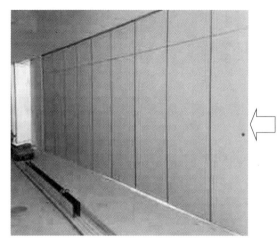

一般项目质量验收
　　（1）活动隔墙所用墙板、轨道、配件等材料的品种、规格、性能和人造木板甲醛释放量、燃烧性能应符合设计要求。
　　★检验方法：观察；检查产品合格证书、进场验收记录、性能检验报告和复验报告。
　　（2）活动隔墙的组合方式、安装方法应符合设计要求。
　　★检验方法：观察。

图 7-58　活动隔墙施工现场

2. 重点项目质量验收

（1）活动隔墙轨道应与基体结构连接牢固，位置应正确。

★检验方法：尺量检查；手扳检查。

（2）活动隔墙用于组装、推拉和制动的构配件应安装牢固、位置正确，推拉应安全、平稳、灵活。

★检验方法：尺量检查；手扳检查；推拉检查。

（3）活动隔墙（图 7-59）表面应色泽一致、平整光滑、洁净，线条应顺直、清晰。

★检验方法：观察；手摸检查。

图 7-59　活动隔墙现场安装

（4）活动隔墙上的孔洞、槽、盒位置应正确、套割吻合、边缘整齐。

★检验方法：观察；尺量检查。

（5）活动隔墙安装的允许偏差和检验方法应符合表 7-17 的规定。

表 7-17　活动隔墙安装的允许偏差和检验方法

项目	允许偏差/mm	检验方法
立面垂直度	3	用 2m 垂直检测尺检查
表面平整度	2	用 2m 靠尺和塞尺检查
接缝直线度	3	拉 5m 线，不足 5m 拉通线，用钢直尺检查
接缝高低差	2	用钢直尺和塞尺检查
接缝宽度	2	用钢直尺检查

四、玻璃隔墙工程

1. 施工现场图

玻璃隔墙安装施工现场如图 7-60 所示。

一般项目质量验收
(1) 玻璃板安装及玻璃砖砌筑方法应符合设计要求。
★检验方法：观察。
(2) 玻璃隔墙表面应色泽一致、平整洁净、清晰美观。
★检验方法：观察。

图 7-60　玻璃隔墙安装施工现场

2. 重点项目质量验收

(1) 玻璃隔墙工程所用材料的品种、规格、图案、颜色和性能应符合设计要求。玻璃板隔墙应使用安全玻璃。

★检验方法：观察；检查产品合格证书、进场验收记录和性能检验报告。

(2) 有框玻璃板隔墙（图 7-61）的受力杆件应与基体结构连接牢固，玻璃板安装橡胶垫位置应正确。玻璃板安装应牢固，受力应均匀。

★检验方法：观察；手推检查；检查施工记录。

图 7-61　有框玻璃板隔墙安装

(3) 无框玻璃板隔墙的受力爪件应与基体结构连接牢固，爪件的数量、位置应正确，爪件与玻璃板的连接应牢固。

★检验方法：观察；手推检查；检查施工记录。

(4) 玻璃门与玻璃墙板的连接、地弹簧（图 7-62）的安装位置应符合设计要求。

(5) 玻璃砖隔墙砌筑中埋设的拉结筋应与基体结构连接牢固，数量、位置应正确。

★检验方法：手扳检查；尺量检查；检查隐蔽工程验收记录。

(6) 玻璃板隔墙嵌缝及玻璃砖隔墙勾缝应密实平整、均匀顺直、深浅一致。

★检验方法：观察；开启检查；检查施工记录。

图 7-62　地弹簧安装施工

★检验方法：观察。

（7）玻璃隔墙安装的允许偏差和检验方法应符合表 7-18 的规定。

表 7-18　玻璃隔墙安装的允许偏差和检验方法

项目	允许偏差/mm		检验方法
	玻璃板	玻璃砖	
立面垂直度	2	3	用 2m 垂直检测尺检查
表面平整度	—	3	用 2m 靠尺和塞尺检查
阴阳角方正	2	—	用 200mm 直角检测尺检查
接缝直线度	2	—	拉 5m 线，不足 5m 拉通线，用钢直尺检查
接缝高低差	2	3	用钢直尺和塞尺检查
接缝宽度	1	—	用钢直尺检查

第七节　饰面工程

一、石板安装

1. 施工现场图

石板安装现场如图 7-63 所示。

一般项目质量验收

　　石板的品种、规格、颜色和性能应符合设计要求及国家现行标准的有关规定。

　　★检验方法：观察；检查产品合格证书、进场验收记录、性能检验报告和复验报告。

图 7-63　石板安装

2. 重点项目质量验收

（1）石板孔、槽的数量、位置和尺寸应符合设计要求。

★检验方法：检查进场验收记录和施工记录。

（2）石板安装工程的预埋件（或后置埋件）、连接件的材质、数量、规格、位置、连接方法和防腐处理应符合设计要求。后置埋件的现场拉拔力应符合设计要求。石板安装应牢固。

★检验方法：手扳检查；检查进场验收记录、现场拉拔检验报告、隐蔽工程验收记录和施工记录。

（3）采用满粘法施工的石板工程，石板与基层之间的黏结料应饱满、无空鼓。石板黏结应牢固。

★检验方法：用小锤轻击检查；检查施工记录；检查外墙石板黏结强度检验报告。

（4）石板填缝应密实、平直，宽度和深度应符合设计要求，填缝材料色泽应一致。

★检验方法：观察；尺量检查。

（5）采用湿作业法施工的石板安装工程，石板应进行防碱封闭处理。石板与基体之间的灌注材料应饱满、密实。

★检验方法：用小锤轻击检查；检查施工记录。

（6）石板安装的允许偏差和检验方法应符合表 7-19 的规定。

表 7-19　石板安装的允许偏差和检验方法

项目	允许偏差/mm			检验方法
	光面	剁斧石	蘑菇石	
立面垂直度	2	3	3	用 2m 垂直检测尺检查
表面平整度	2	3	—	用 2m 靠尺和塞尺检查
阴阳角方正	2	4	4	用 200mm 直角检测尺检查
接缝直线度	2	4	4	拉 5m 线，不足 5m 拉通线，用钢直尺检查
墙裙、勒脚上口直线度	2	3	3	
接缝高低差	1	3	—	用钢直尺和塞尺检查
接缝宽度	1	2	2	用钢直尺检查

二、陶瓷板安装

1. 施工现场图

陶瓷板安装施工现场如图 7-64 所示。

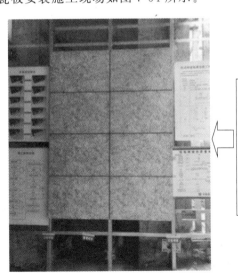

一般项目质量验收
（1）陶瓷板的品种、规格、颜色和性能应符合设计要求及国家现行标准的有关规定。
★检验方法：观察；检查产品合格证书、进场验收记录和性能检验报告。
（2）陶瓷板孔、槽的数量、位置和尺寸应符合设计要求。
★检验方法：检查进场验收记录和施工记录。

图 7-64　陶瓷板安装施工现场

2. 重点项目质量验收

（1）陶瓷板安装工程的预埋件（或后置埋件）、连接件的材质、数量、规格、位置、连接方法和防腐处理应符合设计要求。后置埋件的现场拉拔力应符合设计要求。陶瓷板安装应牢固。预埋件安装质量检验如图 7-65 所示。

★检验方法：手扳检查；检查进场验收记录、现场拉拔检验报告、隐蔽工程验收记录和施工记录。

图 7-65　预埋件安装质量检验

（2）采用满粘法施工的陶瓷板工程，陶瓷板与基层之间的黏结料应饱满、无空鼓。陶瓷板黏结应牢固。

★检验方法：用小锤轻击检查；检查施工记录；检查外墙陶瓷板黏结强度检验报告。

（3）陶瓷板表面应平整、洁净、色泽一致，应无裂痕和缺损。

★检验方法：观察。

（4）陶瓷板填缝应密实、平直，宽度和深度应符合设计要求，填缝材料色泽应一致。

★检验方法：观察；尺量检查。

（5）陶瓷板安装的允许偏差和检验方法应符合表 7-20 的规定。

表 7-20　陶瓷板安装的允许偏差和检验方法

项目	允许偏差/mm	检验方法
立面垂直度	2	用 2m 垂直检测尺检查
表面平整度	2	用 2m 靠尺和塞尺检查
阴阳角方正	2	用 200mm 直角检测尺检查
接缝直线度	2	拉 5m 线，不足 5m 拉通线，用钢直尺检查
墙裙、勒脚上口直线度	2	拉 5m 线，不足 5m 拉通线，用钢直尺检查
接缝高低差	1	用钢直尺和塞尺检查
接缝宽度	1	用钢直尺检查

三、木板安装

1. 施工现场图

木板安装施工现场如图 7-66 所示。

2. 重点项目质量验收

（1）木板的品种、规格、颜色和性能应符合设计要求及国家现行标准的有关规定。木龙骨、木饰面板的燃烧性能等级应符合设计要求。

★检验方法：观察；检查产品合格证书、进场验收记录、性能检验报告和复验报告。

（2）木板安装工程的龙骨（图 7-67）、连接件的材质、数量、规格、位置、连接方法和防腐处理应符合设计要求。木板安装应牢固。

一般项目质量验收
(1) 木板表面应平整、洁净、色泽一致，应无缺损。
★检验方法：观察。
(2) 木板接缝应平直，宽度应符合设计要求。
★检验方法：观察；尺量检查。
(3) 木板上的孔洞应套割吻合，边缘应整齐。
★检验方法：观察。

图 7-66 木板安装施工现场

★检验方法：手扳检查；检查进场验收记录、隐蔽工程验收记录和施工记录。

图 7-67 龙骨安装

（3）木板安装的允许偏差和检验方法应符合表 7-21 的规定。

表 7-21 木板安装的允许偏差和检验方法

项目	允许偏差/mm	检验方法
立面垂直度	2	用 2m 垂直检测尺检查
表面平整度	1	用 2m 靠尺和塞尺检查
阴阳角方正	2	用 200mm 直角检测尺检查
接缝直线度	2	拉 5m 线，不足 5m 拉通线，用钢直尺检查
墙裙、勒脚上口直线度	2	拉 5m 线，不足 5m 拉通线，用钢直尺检查
接缝高低差	1	用钢直尺和塞尺检查
接缝宽度	1	用钢直尺检查

四、金属板安装

1. 施工现场图

金属板安装施工现场如图 7-68 所示。

一般项目质量验收
(1) 金属板表面应平整、洁净、色泽一致。
★检验方法：观察。
(2) 金属板接缝应平直，宽度应符合设计要求。
★检验方法：观察；尺量检查。
(3) 金属板上的孔洞应套割吻合，边缘应整齐。
★检验方法：观察。

图 7-68 金属板安装施工现场

2. 重点项目质量验收

（1）金属板的品种、规格、颜色和性能应符合设计要求及国家现行标准的有关规定。

★检验方法：观察；检查产品合格证书、进场验收记录和性能检验报告。

（2）金属板安装工程的龙骨（图 7-69）、连接件的材质、数量、规格、位置、连接方法和防腐处理应符合设计要求。金属板安装应牢固。

★检验方法：手扳检查；检查进场验收记录、隐蔽工程验收记录和施工记录。

图 7-69　金属板安装工程的龙骨

（3）外墙金属板的防雷装置应与主体结构防雷装置可靠接通。

★检验方法：检查隐蔽工程验收记录。

（4）金属板安装的允许偏差和检验方法应符合表 7-22 的规定。

表 7-22　金属板安装的允许偏差和检验方法

项目	允许偏差/mm	检验方法
立面垂直度	2	用 2m 垂直检测尺检查
表面平整度	3	用 2m 靠尺和塞尺检查
阴阳角方正	3	用 200mm 直角检测尺检查
接缝直线度	2	拉 5m 线，不足 5m 拉通线，用钢直尺检查
墙裙、勒脚上口直线度	2	拉 5m 线，不足 5m 拉通线，用钢直尺检查
接缝高低差	1	用钢直尺和塞尺检查
接缝宽度	1	用钢直尺检查

五、塑料板安装

1. 施工现场图

塑料板安装施工现场如图 7-70 所示。

2. 重点项目质量验收

（1）塑料板的品种、规格、颜色和性能应符合设计要求及国家现行标准的有关规定。塑料饰面板的燃烧性能等级应符合设计要求。

★检验方法：观察；检查产品合格证书、进场验收记录和性能检验报告。

（2）塑料板安装工程的龙骨、连接件的材质、数量、规格、位置、连接方法和防腐处理应符合设计要求。塑料板安装应牢固。

★检验方法：手扳检查；检查进场验收记录、隐蔽工程验收记录和施工记录。

（3）塑料板安装的允许偏差和检验方法应符合表 7-23 的规定。

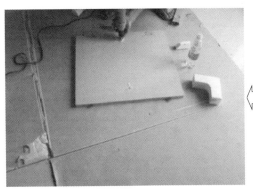

一般项目质量验收
　　（1）塑料板表面应平整、洁净、色泽一致，应无缺损。
　　★检验方法：观察。
　　（2）塑料板接缝应平直，宽度应符合设计要求。
　　★检验方法：观察；尺量检查。

图 7-70　塑料板安装施工现场

表 7-23　塑料板安装的允许偏差和检验方法

项目	允许偏差/mm	检验方法
立面垂直度	2	用 2m 垂直检测尺检查
表面平整度	3	用 2m 靠尺和塞尺检查
阴阳角方正	3	用 200mm 直角检测尺检查
接缝直线度	2	拉 5m 线，不足 5m 拉通线，用钢直尺检查
墙裙、勒脚上口直线度	2	拉 5m 线，不足 5m 拉通线，用钢直尺检查
接缝高低差	1	用钢直尺和塞尺检查
接缝宽度	1	用钢直尺检查

六、内墙饰面砖粘贴

1. 施工现场图

内墙饰面砖粘贴施工现场如图 7-71 所示。

一般项目质量验收
　　内墙饰面砖的品种、规格、图案、颜色和性能应符合设计要求及国家现行标准的有关规定。
　　★检验方法：观察；检查产品合格证书、进场验收记录、性能检验报告和复验报告。

图 7-71　内墙饰面砖粘贴施工现场

2. 重点项目质量验收

（1）内墙饰面砖粘贴工程的找平（图 7-72）、防水、黏结和填缝材料及施工方法应符合设计要求及国家现行标准的有关规定。

（2）内墙饰面砖粘贴应牢固。

★检验方法：手拍检查，检查施工记录。

（3）满粘法施工（图 7-73）的内墙饰面砖应无裂缝，大面和阳角应无空鼓。

（4）内墙面凸出物周围的饰面砖应整砖套割吻合，边缘应整齐。墙裙、贴脸凸出墙面的

★检验方法：检查产品合格证书、复验报告和隐蔽工程验收记录。

图 7-72 找平

★检验方法：观察；用小锤轻击检查。

图 7-73 满粘法施工

厚度应一致。

★检验方法：观察；尺量检查。

（5）内墙饰面砖接缝应平直、光滑，填嵌应连续、密实；宽度和深度应符合设计要求。

★检验方法：观察；尺量检查。

（6）内墙饰面砖粘贴的允许偏差和检验方法应符合表 7-24 的规定。

表 7-24 内墙饰面砖粘贴的允许偏差和检验方法

项目	允许偏差/mm	检验方法
立面垂直度	2	用 2m 垂直检测尺检查
表面平整度	3	用 2m 靠尺和塞尺检查
阴阳角方正	3	用 200mm 直角检测尺检查
接缝直线度	2	拉 5m 线，不足 5m 拉通线，用钢直尺检查
接缝高低差	1	用钢直尺和塞尺检查
接缝宽度	1	用钢直尺检查

七、外墙饰面砖粘贴

1. 施工现场图

外墙饰面砖粘贴施工现场如图 7-74 所示。

2. 重点项目质量验收

（1）外墙饰面砖粘贴工程的伸缩缝设置应符合设计要求。

一般项目质量验收
(1) 外墙饰面砖表面应平整、洁净、色泽一致，应无裂痕和缺损。
★检验方法：观察。
(2) 饰面砖外墙阴阳角构造应符合设计要求。
★检验方法：观察。

图 7-74 外墙饰面砖粘贴施工现场

★检验方法：观察；尺量检查。

（2）外墙饰面砖粘贴（图 7-75）应牢固。

★检验方法：检查外墙饰面砖黏结强度检验报告和施工记录。

图 7-75 外墙饰面砖粘贴

（3）外墙饰面砖工程应无空鼓、裂缝。

★检验方法：观察；用小锤轻击检查。

（4）外墙饰面砖接缝应平直、光滑，填嵌应连续、密实；宽度和深度应符合设计要求。

★检验方法：观察；尺量检查。

（5）有排水要求的部位应做滴水线（槽）。滴水线（槽）应顺直，流水坡向应正确，坡度应符合设计要求。

★检验方法：观察；用水平尺检查。

（6）外墙饰面砖粘贴的允许偏差和检验方法应符合表 7-25 的规定。

表 7-25 外墙饰面砖粘贴的允许偏差和检验方法

项目	允许偏差/mm	检验方法
立面垂直度	3	用 2m 垂直检测尺检查
表面平整度	4	用 2m 靠尺和塞尺检查
阴阳角方正	3	用 200mm 直角检测尺检查
接缝直线度	3	拉 5m 线，不足 5m 拉通线，用钢直尺检查
接缝高低差	1	用钢直尺和塞尺检查
接缝宽度	1	用钢直尺检查

第八节 幕墙工程

一、玻璃幕墙施工

1. 施工现场图

玻璃幕墙施工现场如图 7-76 所示。

一般项目质量验收
　　玻璃幕墙工程一般项目质量验收应包括下列项目。
　　（1）玻璃幕墙表面质量；
　　（2）玻璃和铝合金型材的表面质量；
　　（3）明框玻璃幕墙的外露框或压条；
　　（4）玻璃幕墙拼缝；
　　（5）玻璃幕墙板缝注胶；
　　（6）玻璃幕墙隐蔽节点的遮封；
　　（7）玻璃幕墙安装偏差。

图 7-76　玻璃幕墙施工现场

2. 重点项目质量验收

玻璃幕墙工程重点项目质量验收应包括下列项目。

（1）玻璃幕墙工程所用材料、构件和组件质量；

（2）玻璃幕墙的造型和立面分格；

（3）玻璃幕墙主体结构上的埋件；

（4）玻璃幕墙连接安装质量；

（5）隐框或半隐框玻璃幕墙玻璃托条；

（6）明框玻璃幕墙的玻璃安装质量；

（7）吊挂在主体结构上的全玻璃幕墙吊夹具和玻璃接缝密封；

（8）玻璃幕墙节点、各种变形缝、墙角的连接点；

（9）玻璃幕墙的防火、保温、防潮材料的设置；

（10）玻璃幕墙防水效果；

（11）金属框架和连接件的防腐处理；

（12）玻璃幕墙开启窗的配件安装质量；

（13）玻璃幕墙防雷。

二、金属幕墙施工

1. 施工现场图

金属幕墙施工现场如图 7-77 所示。

2. 重点项目质量验收

金属幕墙工程重点项目质量验收应包括下列项目。

一般项目质量验收
　　金属幕墙工程一般项目质量验收应包括下列项目。
　　(1) 金属幕墙表面质量；
　　(2) 金属幕墙的压条安装质量；
　　(3) 金属幕墙板缝注胶；
　　(4) 金属幕墙流水坡向和滴水线；
　　(5) 金属板表面质量；
　　(6) 金属幕墙安装偏差。

图 7-77　金属幕墙施工现场

(1) 金属幕墙工程所用材料和配件质量；

(2) 金属幕墙的造型、立面分格、颜色、光泽、花纹和图案；

(3) 金属幕墙主体结构上的埋件；

(4) 金属幕墙连接安装质量；

(5) 金属幕墙的防火、保温、防潮材料的设置；

(6) 金属框架和连接件的防腐处理；

(7) 金属幕墙防雷；

(8) 变形缝、墙角的连接节点；

(9) 金属幕墙防水效果。

三、石材幕墙施工

1. 施工现场图

石材幕墙施工现场如图 7-78 所示。

一般项目质量验收
　　石材幕墙工程一般项目质量验收应包括下列项目。
　　(1) 石材幕墙表面质量；
　　(2) 石材幕墙的压条安装质量；
　　(3) 石材接缝、阴阳角、凸凹线、洞口、槽；
　　(4) 石材幕墙板缝注胶；
　　(5) 石材幕墙流水坡向和滴水线；
　　(6) 石材表面质量；
　　(7) 石材幕墙安装偏差。

图 7-78　石材幕墙施工现场

2. 重点项目质量验收

石材幕墙工程重点项目质量验收应包括下列项目。

(1) 石材幕墙工程所用材料质量；

(2) 石材幕墙的造型、立面分格、颜色、光泽、花纹和图案；

(3) 石材孔、槽加工质量；

（4）石材幕墙主体结构上的埋件；

（5）石材幕墙连接安装质量；

（6）金属框架和连接件的防腐处理；

（7）石材幕墙的防雷；

（8）石材幕墙的防火、保温、防潮材料的设置；

（9）变形缝、墙角的连接节点；

（10）石材表面和板缝的处理；

（11）有防水要求的石材幕墙防水效果。

第九节　涂饰工程

一、水性涂料涂饰

1. 施工现场图

水性涂料涂饰施工现场如图 7-79 所示。

> **一般项目质量验收**
> 　　水性涂料涂饰工程所用涂料的品种、型号和性能应符合设计要求及国家现行标准的有关规定。
> 　　★检验方法：检查产品合格证书、性能检验报告、有害物质限量检验报告和进场验收记录。

扫码看视频

水性涂料
涂饰施工

图 7-79　水性涂料涂饰施工现场

2. 重点项目质量验收

（1）水性涂料涂饰工程的颜色、光泽、图案应符合设计要求。

★检验方法：观察。

（2）水性涂料涂饰工程应涂饰均匀、黏结牢固，不得漏涂、透底、开裂、起皮和掉粉。水性涂料涂饰施工如图 7-80 所示。

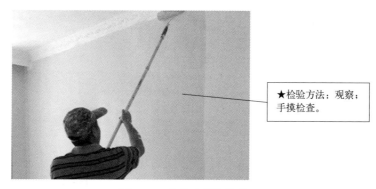

★检验方法：观察；手摸检查。

图 7-80　水性涂料涂饰施工

（3）薄涂料的涂饰质量和检验方法应符合表 7-26 的规定。

表 7-26　薄涂料的涂饰质量和检验方法

项目	普通涂饰	高级涂饰	检验方法
颜色	均匀一致	均匀一致	观察
光泽、光滑	光泽基本均匀，光滑无挡手感	光泽均匀一致，光滑	
泛碱、咬色	允许少量轻微	不允许	
流坠、疙瘩	允许少量轻微	不允许	
砂眼、刷纹	允许少量轻微砂眼，刷纹通顺	无砂眼，无刷纹	

（4）厚涂料的涂饰质量和检验方法应符合表 7-27 的规定。

表 7-27　厚涂料的涂饰质量和检验方法

项目	普通涂饰	高级涂饰	检验方法
颜色	均匀一致	均匀一致	观察
光泽	光泽基本均匀	光泽均匀一致	
泛碱、咬色	允许少量轻微	不允许	
点状分布	—	疏密均匀	

（5）复层涂料的涂饰质量和检验方法应符合表 7-28 的规定。

表 7-28　复层涂料的涂饰质量和检验方法

项目	质量要求	检验方法
颜色	均匀一致	观察
光泽	光泽基本均匀	
泛碱、咬色	不允许	
喷点疏密程度	均匀，不允许连片	

（6）墙面水性涂料涂饰工程的允许偏差和检验方法应符合表 7-29 的规定。

表 7-29　墙面水性涂料涂饰工程的允许偏差和检验方法

项目	允许偏差/mm					检验方法
	薄涂料		厚涂料		复合涂料	
	普通涂饰	高级涂饰	普通涂饰	高级涂饰		
立面垂直度	3	2	4	3	5	用 2m 垂直检测尺检查
表面平整度	3	2	4	3	5	用 2m 靠尺和塞尺检查
阴阳角方正	3	2	4	3	4	用 200mm 直角检测尺检查
装饰线、分色线直线度	2	1	2	1	3	拉 5m 线，不足 5m 拉通线，用钢直尺检查
墙裙、勒脚上口直线度	2	1	2	1	3	拉 5m 线，不足 5m 拉通线，用钢直尺检查

二、溶剂型涂料涂饰

1. 施工现场图

溶剂型涂料涂饰施工现场如图 7-81 所示。

2. 重点项目质量验收

（1）溶剂型涂料涂饰工程的颜色、光泽、图案应符合设计要求。

一般项目质量验收

溶剂型涂料涂饰工程所选用涂料的品种、型号和性能应符合设计要求及国家现行标准的有关规定。

★检验方法：检查产品合格证书、性能检验报告、有害物质限量检验报告和进场验收记录。

图 7-81　溶剂型涂料涂饰施工现场

★检验方法：观察。

（2）溶剂型涂料涂饰工程应涂饰均匀（图 7-82）、黏结牢固，不得漏涂、透底、开裂、起皮和反锈。

★检验方法：观察；手摸检查。

图 7-82　溶剂型涂料涂饰施工

（3）色漆的涂饰质量和检验方法应符合表 7-30 的规定。

表 7-30　色漆的涂饰质量和检验方法

项目	普通涂饰	高级涂饰	检验方法
颜色	均匀一致	均匀一致	观察
光泽、光滑	光泽基本均匀，光滑无挡手感	光泽均匀一致，光滑	观察、手摸检查
刷纹	刷纹通顺	无刷纹	观察
裹棱、流坠、皱皮	明显处不允许	不允许	观察

（4）清漆的涂饰质量和检验方法应符合表 7-31 的规定。

表 7-31　清漆的涂饰质量和检验方法

项目	普通涂饰	高级涂饰	检验方法
颜色	基本一致	均匀一致	观察
木纹	棕眼刮平，木纹清楚	棕眼刮平，木纹清楚	观察
光泽、光滑	光泽基本均匀，光滑无挡手感	光泽均匀一致，光滑	观察、手摸检查
刷纹	无刷纹	无刷纹	观察
裹棱、流坠、皱皮	明显处不允许	不允许	观察

（5）墙面溶剂型涂料涂饰工程的允许偏差和检验方法应符合表 7-32 的规定。

表 7-32　墙面溶剂型涂料涂饰工程的允许偏差和检验方法

项目	允许偏差/mm				检验方法
	色漆		清漆		
	普通涂饰	高级涂饰	普通涂饰	高级涂饰	
立面垂直度	4	3	3	2	用 2m 垂直检测尺检查
表面平整度	4	3	3	2	用 2m 靠尺和塞尺检查
阴阳角方正	4	3	3	2	用 200mm 直角检测尺检查
装饰线、分色线直线度	2	1	2	1	拉 5m 线,不足 5m 拉通线,用钢直尺检查
墙裙、勒脚上口直线度	2	1	2	1	拉 5m 线,不足 5m 拉通线,用钢直尺检查

第十节　裱糊与软包工程

一、裱糊工程施工

1. 施工现场图

墙面壁纸裱糊工程施工如图 7-83 所示。

一般项目质量验收
　壁纸、墙布的种类、规格、图案、颜色和燃烧性能等级应符合设计要求及国家现行标准的有关规定。
★检验方法：观察；检查产品合格证书、进场验收记录和性能检验报告。

图 7-83　墙面壁纸裱糊工程施工

2. 重点项目质量验收

（1）裱糊后各幅拼接应横平竖直，拼接处花纹、图案应吻合，应不离缝、不搭接、不显拼缝。

★检验方法：距离墙面 1.5m 处观察。

（2）壁纸、墙布应粘贴牢固，不得有漏贴、补贴、脱层、空鼓和翘边（图 7-84）。

★检验方法：观察；手摸检查。

图 7-84　壁纸翘边修整

（3）裱糊后的壁纸、墙布表面应平整，不得有波纹起伏、气泡、裂缝、皱褶；表面色泽应一致，不得有斑污，斜视时应无胶痕。

★检验方法：观察；手摸检查。

（4）复合压花壁纸和发泡壁纸的压痕或发泡层应无损坏。

★检验方法：观察。

（5）壁纸、墙布边缘应平直整齐，不得有纸毛、飞刺。

★检验方法：观察。

（6）壁纸、墙布阴角处应顺光搭接，阳角处应无接缝。

★检验方法：观察。

（7）裱糊工程的允许偏差和检验方法应符合表7-33的规定。

表 7-33　裱糊工程的允许偏差和检验方法

项目	允许偏差/mm	检验方法
表面平整度	3	用2m靠尺和塞尺检查
立面垂直度	3	用2m垂直检测尺检查
阴阳角方正	3	用200mm直角检测尺检查

二、软包工程施工

1. 施工现场图

软包工程施工现场如图7-85所示。

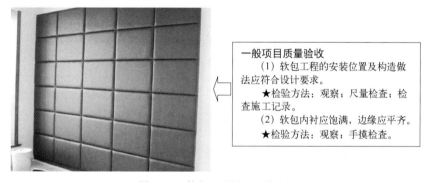

一般项目质量验收
　（1）软包工程的安装位置及构造做法应符合设计要求。
　★检验方法：观察；尺量检查；检查施工记录。
　（2）软包内衬应饱满，边缘应平齐。
　★检验方法：观察；手摸检查。

图 7-85　软包工程施工现场图

2. 重点项目质量验收

（1）软包边框所选木材的材质、花纹、颜色和燃烧性能等级应符合设计要求及国家现行标准的有关规定。

★检验方法：观察；检查产品合格证书、进场验收记录、性能检验报告和复验报告。

（2）软包衬板材质、品种、规格、含水率应符合设计要求。面料及内衬材料的品种、规格、颜色、图案及燃烧性能等级应符合国家现行标准的有关规定。

★检验方法：观察；检查产品合格证书、进场验收记录、性能检验报告和复验报告。

（3）软包工程的龙骨（图7-86）、边框应安装牢固。

（4）软包衬板与基层应连接牢固，无翘曲、变形，拼缝应平直，相邻板面接缝应符合设计要求，横向无错位拼接的分格应保持通缝。

★检验方法：观察；检查施工记录。

（5）单块软包面料不应有接缝，四周应绷压严密。需要拼花的，拼接处花纹、图案应吻合。软包饰面上电气槽、盒的开口位置、尺寸应正确，套割应吻合，槽、盒四周应镶硬边。

★检验方法：手扳检查。

图 7-86 软包工程龙骨安装

★检验方法：观察；手摸检查。

（6）软包工程安装的允许偏差和检验方法应符合表 7-34 的规定。

表 7-34 软包工程安装的允许偏差和检验方法

项目	允许偏差/mm	检验方法
单块软包边框水平度	3	用 1m 水平尺和塞尺检查
单块软包边框垂直度	3	用 1m 垂直检测尺检查
单块软包对角线长度差	3	从框的裁口里角用钢尺检查
单块软包宽度、高度	0，-2	从框的裁口里角用钢尺检查
分格条(缝)直线度	3	拉 5m 线，不足 5m 拉通线，用钢直尺检查
裁口线条结合处高度差	1	用直尺和塞尺检查

第八章

室内给排水工程施工质量验收

第一节 室内给水系统安装

一、给水管道及配件安装

1. 施工现场图

给水管道施工现场如图 8-1 所示。

一般项目质量验收
(1) 给水水平管道应有 0.2%～0.5% 的坡度坡向泄水装置。
★检验方法：水平尺和尺量检查。
(2) 给水系统交付使用前必须进行通水试验并做好记录。
★检验方法：观察和开启阀门、水嘴等放水。

图 8-1　给水管道施工现场

2. 重点项目质量验收

(1) 室内给水管道的水压试验必须符合设计要求。当设计未注明时，各种材质的给水管道系统试验压力均为工作压力的 1.5 倍，但不得小于 0.6MPa。

★检验方法：金属及复合管给水管道系统在试验压力下观测 10min，压力降不应大于 0.02MPa，然后降到工作压力进行检查，应不渗不漏；塑料管给水系统应在试验压力下稳压 1h，压力降不得超过 0.05MPa，然后在工作压力的 1.15 倍状态下稳压 2h，压力降不得超过 0.03MPa，同时检查各连接处不得渗漏。

(2) 室内直埋给水管道（塑料管道和复合管道除外）应做防腐处理。埋地管道（图 8-2）防腐层材质和结构应符合设计要求。

(3) 给水引入管与排水排出管的水平净距不得小于 1m。室内给水与排水管道平行敷设时，两管间的最小水平净距不得小于 0.5m；交叉铺设时，垂直净距不得小于 0.15m。给水管应铺在排水管上面，若给水管必须铺在排水管的下面时，给水管应加套管，其长度不得小于排水管管径的 3 倍。

★检验方法：观察或局部剖切检查。

扫码看视频

埋地管道敷设

图 8-2　埋地管道敷设

★检验方法：尺量检查。

（4）管道及管件焊接的焊缝表面质量应符合下列要求：

① 焊缝外形尺寸应符合图纸和工艺文件的规定，焊缝高度不得低于母材表面，焊缝与母材应圆滑过渡；

② 焊缝及热影响区表面应无裂纹、未熔合、未焊透、夹渣、弧坑和气孔等缺陷。

★检验方法：观察检查。

（5）给水管道和阀门安装的允许偏差和检验方法应符合表 8-1 的规定。

表 8-1　给水管道和阀门安装的允许偏差和检验方法

项目			允许偏差/mm	检验方法
水平管道纵横方向弯曲	钢管	每/m	1	用水平尺、直尺、拉线和尺量检查
		全长 25m 以上	≤25	
	塑料管、复合管	每/m	1.5	
		全长 25m 以上	≤25	
	铸铁管	每/m	2	
		全长 25m 以上	≤25	
立管垂直度	钢管	每/m	3	吊线和尺量检查
		5m 以上	≤8	
	塑料管、复合管	每/m	2	
		5m 以上	≤8	
	铸铁管	每/m	3	
		5m 以上	≤10	
成排管段和成排阀门		在同一平面上间距	3	尺量检查

（6）水表（图 8-3）应安装在便于检修，不受曝晒、污染和冻结的地方。安装螺翼式水

★检验方法：观察和尺量检查。

图 8-3　水表安装施工

表，表前与阀门应有不小于 8 倍水表接口直径的直线管段。表外壳距墙表面净距为 10～30mm；水表进水口中心标高按设计要求，允许偏差为±10mm。

二、室内消火栓系统安装

1. 施工现场图

室内消防干管安装施工现场如图 8-4 所示。

一般项目质量验收
安装消火栓水龙带，水龙带与水枪和快速接头绑扎好后，应根据箱内构造将水龙带挂放在箱内的挂钉、托盘或支架上。
★检验方法：观察检查。

扫码看视频

室内消防
干管施工

图 8-4　室内消防干管安装施工现场

2. 重点项目质量验收

（1）室内消火栓系统安装完成后应取屋顶层（或水箱间内）试验消火栓和首层取两处消火栓做试射试验，达到设计要求为合格。

★检验方法：实地试射检查。

（2）箱式消火栓（图 8-5）的安装应符合下列规定：

① 栓口应朝外，并不应安装在门轴侧；

② 栓口中心距地面为 1.1m，允许偏差为±20mm；

★检验方法：观察和尺量检查。

图 8-5　箱式消火栓

③ 阀门中心距箱侧面为 140mm，距箱后内表面为 100mm，允许偏差为±5mm；

④ 消火栓箱体安装的垂直度允许偏差为 3mm。

三、给水设备安装

1. 施工现场图

水泵安装施工现场如图 8-6 所示。

2. 重点项目质量验收

（1）水箱（图 8-7）支架或底座安装，其尺寸及位置应符合设计规定，埋设平整牢固。

（2）水箱溢流管和泄放管（图 8-8）应设置在排水地点附近但不得与排水管直接连接。

（3）立式水泵的减振装置不应采用弹簧减振器。

★检验方法：观察检查。

（4）室内给水设备安装的允许偏差和检验方法应符合表 8-2 的规定。

一般项目质量验收

(1)水泵就位前的基础混凝土强度、坐标、标高、尺寸和螺栓孔位置必须符合设计规定。

★检验方法：对照图纸用仪器和尺量检查。

(2)水泵试运转的轴承温升必须符合设备说明书的规定。

★检验方法：温度计实测检查。

图 8-6　水泵安装施工现场

★检验方法：对照图纸，尺量检查。

图 8-7　水箱现场安装施工

★检验方法：观察检查。

图 8-8　泄放管安装施工

表 8-2　室内给水设备安装的允许偏差和检验方法

项目			允许偏差/mm	检验方法
静置设备	坐标		15	经纬仪或拉线、尺量
	标高		±5	用水准仪、拉线和尺量检查
	垂直度（每1m）		5	吊线和尺量检查
离心式水泵	立式泵体垂直度（每1m）		0.1	水平尺和塞尺检查
	卧式泵体水平度（每1m）		0.1	水平尺和塞尺检查
	联轴器同心度	轴向倾斜（每1m）	0.8	在联轴器互相垂直的四个位置上用水准仪、百分表或测微螺钉和塞尺检查
		径向位移	0.1	

（5）管道及设备保温层的厚度和平整度的允许偏差和检验方法应符合表 8-3 的规定。

表 8-3　管道及设备保温层的允许偏差和检验方法

项目		允许偏差/mm	检验方法
厚度		$+0.1\delta$ -0.05δ	用钢针刺入
表面平整度	卷材	5	用 2m 靠尺和楔形塞尺检查
	涂抹	10	

注：δ 为保温层厚度（mm）。

第二节　室内排水系统安装

一、排水管道及配件安装

1. 施工现场图

排水管安装施工现场如图 8-9 所示。

一般项目质量验收
　　通向室外的排水管，穿过墙壁或基础必须下返时，应采用45°三通和45°弯头连接，并应在垂直管段顶部设置清扫口。
　　★检验方法：观察和尺量检查。

图 8-9　排水管安装施工现场

2. 重点项目质量验收

（1）隐蔽或埋地的排水管道在隐蔽前必须做灌水试验，其灌水高度应不低于底层卫生器具的上边缘或底层地面高度。

　　★检验方法：满水 15min 水面下降后，再灌满观察 5min，液面不降，管道及接口无渗漏为合格。

（2）生活污水铸铁管道的坡度必须符合表 8-4 的规定。

表 8-4　生活污水铸铁管道的坡度

管径/mm	标准坡度/%	最小坡度/%
50	3.5	2.5
75	2.5	1.5
100	2.0	1.2
125	1.5	1.0
150	1.0	0.7
200	0.8	0.5

　　★检验方法：水平尺、拉线尺量检查。

（3）生活污水塑料管道的坡度必须符合表 8-5 的规定。

表 8-5　生活污水塑料管道的坡度

管径/mm	标准坡度/%	最小坡度/%
50	2.5	1.2
75	1.5	0.8
110	1.2	0.6
125	1.0	0.5
160	0.7	0.4

★检验方法：水平尺、拉线尺量检查。

（4）排水塑料管（图 8-10）必须按设计要求及位置装设伸缩节。如设计无要求时，伸缩节间距不得大于 4m。高层建筑中明设排水塑料管道应按设计要求设置阻火圈或防火套管。

★检验方法：观察检查。

图 8-10　排水塑料管安装施工现场

（5）排水主立管及水平干管管道均应做通球试验，通球球径不小于排水管道管径的 2/3，通球率必须达到 100%。

★检查方法：通球检查。

（6）在生活污水管道上设置的检查口或清扫口，当设计无要求时应符合下列规定。

① 在立管上应每隔一层设置一个检查口，但在最底层和有卫生器具的最高层必须设置。如为两层建筑时，可仅在底层设置立管检查口；如有乙字弯管时，则在该层乙字弯管的上部设置检查口。检查口中心高度距操作地面一般为 1m，允许偏差为 ±20mm；检查口的朝向应便于检修。暗装立管，在检查口处应安装检修门。

② 在连接 2 个及 2 个以上大便器或 3 个及 3 个以上卫生器具的污水横管上应设置清扫口。当污水管在楼板下悬吊敷设时，可将清扫口设在上一层楼地面上，污水管起点的清扫口与管道相垂直的墙面距离不得小于 200mm；若污水管起点设置堵头代替清扫口时，与墙面距离不得小于 400mm。

③ 在转角小于 135°的污水横管（图 8-11）上，应设置检查口或清扫口。

④ 污水横管的直线管段，应按设计要求的距离设置检查口或清扫口。

★检验方法：观察和尺量检查。

图 8-11　污水横管安装

（7）埋在地下或地板下的排水管道的检查口，应设在检查井内。井底表面标高与检查口的法兰相平，井底表面应有 5‰ 的坡度坡向检查口。

★检验方法：尺量检查。

（8）金属排水管道（图 8-12）上的吊钩或卡箍应固定在承重结构上。固定件间距：横管不大于 2m；立管不大于 3m。楼层高度小于或等于 4m，立管可安装 1 个固定件。立管底部的弯管处应设支墩或采取固定措施。

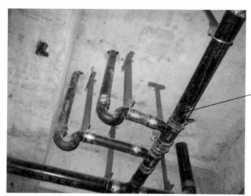

★检验方法：观察和尺量检查。

扫码看视频

金属排水
管道安装

图 8-12　金属排水管道安装

（9）排水塑料管道支、吊架间距应符合表 8-6 的规定。

表 8-6　排水塑料管道支、吊架最大间距

管径/mm	50	75	110	125	160
立管/m	1.2	1.5	2.0	2.0	2.0
横管/m	0.5	0.75	1.10	1.30	1.6

★检验方法：尺量检查。

（10）排水通气管不得与风道或烟道连接，且应符合下列规定：

① 通气管应高出屋面 300mm，且必须大于最大积雪厚度；

② 在通气管出口 4m 以内有门、窗时，通气管应高出门、窗顶 600mm 或引向无门、窗一侧；

③ 在经常有人停留的平屋顶上，通气管应高出屋面 2m，并应根据防雷要求设置防雷装置；

④ 屋顶有隔热层应从隔热层板面算起。

★检验方法：观察和尺量检查。

（11）由室内通向室外排水检查井的排水管，井内引入管应高于排出管或两管顶相平，并有不小于 90° 的水流转角，如跌落差大于 300mm 可不受角度限制。

★检验方法：观察和尺量检查。

（12）用于室内排水的水平管道与水平管道、水平管道与立管的连接，应采用 45° 三通或 45° 四通和 90° 斜三通或 90° 斜四通。立管与排出管端部的连接，应采用两个 45° 弯头或曲率半径不小于 4 倍管径的 90° 弯头。

★检验方法：观察和尺量检查。

（13）室内排水和雨水管道安装的允许偏差和检验方法应符合表 8-7 的相关规定。

表 8-7　室内排水和雨水管道安装的允许偏差和检验方法

项目				允许偏差/mm	检验方法
坐标				15	用水准仪（水平尺）、直尺、拉线和尺量检查
标高				±15	
横管纵横方向弯曲	铸铁管	每 1m		≤1	
		全长（25m 以上）		≤25	
	钢管	每 1m	管径小于或等于 100mm	1	
			管径大于 100mm	1.5	
		全长（25m 以上）	管径小于或等于 100mm	≤25	
			管径大于 100mm	≤38	
	塑料管	每 1m		1.5	
		全长（25m 以上）		≤38	
	钢筋混凝土管、混凝土管	每 1m		3	
		全长（25m 以上）		≤75	
立管垂直度	铸铁管	每 1m		3	吊线和尺量检查
		全长（5m 以上）		≤15	
	钢管	每 1m		3	
		全长（5m 以上）		≤10	
	塑料管	每 1m		3	
		全长（5m 以上）		≤15	

二、雨水管道及配件安装

1. 施工现场图

雨水管道安装施工现场如图 8-13 所示。

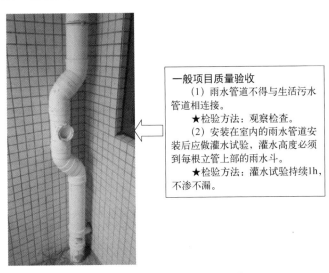

一般项目质量验收
（1）雨水管道不得与生活污水管道相连接。
★检验方法：观察检查。
（2）安装在室内的雨水管道安装后应做灌水试验，灌水高度必须到每根立管上部的雨水斗。
★检验方法：灌水试验持续1h，不渗不漏。

图 8-13　雨水管道安装施工现场

2. 重点项目质量验收

（1）雨水管道如采用塑料管，其伸缩节安装（图 8-14）应符合设计要求。

（2）悬吊式雨水管道的敷设坡度不得小于 0.5%；埋地雨水管道的最小坡度，应符合表 8-8 的规定。

★检验方法：对照图纸检查。

图 8-14　伸缩节安装在塑料管中

表 8-8　地下埋设雨水排水管道的最小坡度

管径/mm	最小坡度/%	管径/mm	最小坡度/%
50	2.0	125	0.6
75	1.5	150	0.5
100	0.8	200～400	0.4

　　★检验方法：水平尺、拉线尺量检查。

　　（3）雨水斗管的连接应固定在屋面承重结构上。雨水斗边缘与屋面相连处应严密不漏。连接管管径当设计无要求时，不得小于 100mm。

　　★检验方法：观察和尺量检查。

　　（4）悬吊式雨水管道的检查口间距不得大于表 8-9 的规定。

表 8-9　悬吊管检查口间距

悬吊管直径/mm	检查口间距/m
≤150	≤15
≥200	≤20

　　★检验方法：拉线、尺量检查。

　　（5）雨水钢管管道焊接的焊口允许偏差和检验方法应符合表 8-10 的规定。

扫码看视频

管道焊接

表 8-10　雨水钢管管道焊接的焊口允许偏差和检验方法

项目			允许偏差	检验方法
焊口平直度	管壁厚 10mm 以内		管壁厚 1/4	焊接检验尺和游标卡尺检查
焊缝加强面	高度		+1mm	
	宽度			
咬边	深度		小于 0.5mm	直尺检查
	长度	连续长度	25mm	
		总长度（两侧）	小于焊缝长度的 10%	

第三节　卫生器具安装

一、卫生器具安装施工

1. 施工现场图

浴盆安装施工现场如图 8-15 所示。

> **一般项目质量验收**
> （1）卫生器具交工前应做满水和通水试验。
> ★检验方法：满水后各连接件不渗不漏；通水试验给、排水畅通。
> （2）有饰面的浴盆，应留有通向浴盆排水口的检修门。
> ★检验方法：观察检查。

图 8-15　浴盆安装施工现场

2. 重点项目质量验收

（1）排水栓和地漏的安装应平正、牢固，低于排水表面，周边无渗漏。地漏水封高度不得小于 50mm。

★检验方法：试水观察检查。

（2）卫生器具安装的允许偏差和检验方法应符合表 8-11 的规定。

表 8-11　卫生器具安装的允许偏差和检验方法

项目		允许偏差/mm	检验方法
坐标	单独器具	10	拉线、吊线和尺量检查
	成排器具	5	
标高	单独器具	±15	
	成排器具	±10	
器具水平度		2	用水平尺和尺量检查
器具垂直度		3	吊线和尺量检查

（3）小便槽（图 8-16）冲洗管应采用镀锌钢管或硬质塑料管。冲洗孔应斜向下方安装，冲洗水流同墙面成 45°角。镀锌钢管钻孔后应进行二次镀锌。

图 8-16　小便槽安装施工

★检验方法：观察检查。

（4）卫生器具的支、托架必须防腐良好，安装平整、牢固，与器具接触紧密、平稳。

★检验方法：观察和手扳检查。

二、卫生器具给水配件安装

1. 施工现场图

卫生器具给水配件安装施工现场如图 8-17 所示。

一般项目质量验收

　卫生器具给水配件应完好无损伤，接口严密，启闭部分灵活。

★检验方法：观察及手扳检查。

图 8-17　卫生器具给水配件安装施工

2. 重点项目质量验收

（1）卫生器具给水配件安装标高的允许偏差和检验方法应符合表 8-12 的规定。

表 8-12　卫生器具给水配件安装标高的允许偏差和检验方法

项目	允许偏差/mm	检验方法
大便器高、低水箱角阀及截止阀	±10	尺量检查
水嘴	±10	
淋浴器喷头下沿	±15	
浴盆软管淋浴器挂钩	±20	

（2）浴盆软管淋浴器挂钩的高度，如设计无要求，应距地面 1.8m。

★检验方法：尺量检查。

三、卫生器具排水管道安装

1. 施工现场图

卫生器具排水管道安装施工现场如图 8-18 所示。

一般项目质量验收

　与排水横管连接的各卫生器具的受水口和立管均应采取妥善可靠的固定措施；管道与楼板的接合部位应采取牢固可靠的防渗、防漏措施。

★检验方法：观察和手扳检查。

图 8-18　卫生器具排水管道安装施工现场

2. 重点项目质量验收

（1）连接卫生器具的排水管道接口应紧密不漏，其固定支架、管卡等支撑位置应正确、牢固，与管道的接触应平整。

★检验方法：观察及通水检查。

（2）卫生器具排水管道安装的允许偏差和检验方法应符合表 8-13 的规定。

表 8-13　卫生器具排水管道安装的允许偏差和检验方法

检查项目		允许偏差/mm	检验方法
横管弯曲度	每 1m 长	2	用水平尺量检查
	横管长度≤10m,全长	<8	
	横管长度>10m,全长	10	
卫生器具的排水管口及横支管的纵横坐标	单独器具	10	用尺量检查
	成排器具	5	
卫生器具的接口标高	单独器具	±10	用水平尺和尺量检查
	成排器具	±5	

（3）连接卫生器具的排水管管径和最小坡度，如设计无要求时，应符合表 8-14 的规定。

表 8-14　连接卫生器具的排水管管径和最小坡度

卫生器具名称		排水管管径/mm	管道的最小坡度/‰
污水盆（池）		50	2.5
单、双格洗涤盆（池）		50	2.5
洗手盆、洗脸盆		32～50	2.0
浴盆		50	2.0
淋浴器		50	2.0
大便器	高、低水箱	100	1.2
	自闭式冲洗阀	100	1.2
	拉管式冲洗阀	100	1.2
小便器	手动、自闭式冲洗阀	40～50	2.0
	自动冲洗水箱	40～50	2.0
化验盆（无塞）		40～50	2.5
净身器		40～50	2.0
饮水器		20～50	1.0～2.0

★检验方法：用水平尺和尺量检查。

第九章

室外给排水工程施工质量验收

第一节　室外给水管网安装

一、给水管道安装

1. 施工现场图

给水管道安装施工现场如图 9-1 所示。

一般项目质量验收
　　(1) 给水管道不得直接穿越污水井、化粪池、公共厕所等污染源。
　　★检验方法：观察检查。
　　(2) 管道接口法兰、卡扣、卡箍等应安装在检查井或地沟内，不应埋在土壤中。
　　★检验方法：观察检查。

图 9-1　给水管道安装施工现场

2. 重点项目质量验收

(1) 给水管道在埋地敷设（图 9-2）时，应在当地的冰冻线以下，如必须在冰冻线以上铺设时，应做可靠的保温防潮措施。在无冰冻地区，埋地敷设时，管顶的覆土埋深不得小于500mm，穿越道路部位的埋深不得小于 700mm。

★检验方法：现场观察检查。

图 9-2　给水管道埋地敷设

（2）给水系统各种井室内的管道安装，如设计无要求，井壁距法兰或承口的距离：管径小于或等于 450mm 时，不得小于 250mm；管径大于 450mm 时，不得小于 350mm。

★检验方法：尺量检查。

（3）管网必须进行水压试验，试验压力为工作压力的 1.5 倍，但不得小于 0.6MPa。

★检验方法：管材为钢管、铸铁管时，试验压力下 10min 内压力降不应大于 0.05MPa，然后降至工作压力进行检查，压力应保持不变，不渗不漏；管材为塑料管时，试验压力下，稳压 1h 压力降不大于 0.05MPa，然后降至工作压力进行检查，压力应保持不变，不渗不漏。

（4）给水管道在竣工后，必须对管道进行冲洗，饮用水管道还要在冲洗后进行消毒，满足饮用水卫生要求。

★检验方法：观察冲洗水的浊度，查看有关部门提供的检验报告。

（5）管道的坐标、标高、坡度应符合设计要求，管道安装的允许偏差和检验方法应符合表 9-1 的规定。

表 9-1　室外给水管道安装的允许偏差和检验方法

项目			允许偏差/mm	检验方法
坐标	铸铁管	埋地	100	拉线和尺量检查
		敷设在沟槽内	50	
	钢管、塑料管、复合管	埋地	100	
		敷设在沟槽内或架空	40	
标高	铸铁管	埋地	±50	拉线和尺量检查
		敷设在地沟内	±30	
	钢管、塑料管、复合管	埋地	±50	
		敷设在地沟内或架空	±30	
水平管纵横向弯曲	铸铁管	直段(25m 以上)起点至终点	40	拉线和尺量检查
	钢管、塑料管、复合管	直段(25m 以上)起点至终点	30	

（6）管道和金属支架的涂漆应附着良好，无脱皮、起泡、流淌和漏涂等缺陷。

★检验方法：现场观察检查。

（7）管道连接应符合工艺要求，阀门、水表等安装位置应正确。塑料给水管道上的水表、阀门等设施其重量或启闭装置的扭矩不得作用于管道上，当管径≥50mm 时必须设独立的支承装置。

★检验方法：现场观察检查。

（8）给水管道与污水管道在不同标高平行敷设，其垂直间距在 500mm 以内时，给水管管径小于或等于 200mm 的，管壁水平间距不得小于 1.5m；管径大于 200mm 的，不得小于 3m。

★检验方法：观察和尺量检查。

（9）铸铁管承插捻口连接的对口间隙应不小于 3mm，最大间隙不得大于表 9-2 的规定。

★检验方法：尺量检查。

（10）铸铁管沿直线敷设，承插捻口连接的环形间隙应符合表 9-3 的规定；沿曲线敷设，每个接口允许有 2°的转角。

表 9-2　铸铁管承插捻口的对口最大间隙　　　　　　　单位：mm

管径	沿直线敷设	沿曲线敷设
75	4	5
100～250	5	7～13
300～500	6	14～22

表 9-3　铸铁管承插捻口的环形间隙　　　　　　　　　单位：mm

管径	标准环形间隙	允许偏差
75～200	10	+3 -2
250～450	11	+4 -2
500	12	+4 -2

★检验方法：尺量检查。

（11）采用水泥捻口的给水铸铁管，在安装地点有侵蚀性的地下水时，应在接口处涂抹沥青防腐层。

★检验方法：观察检查。

（12）采用橡胶圈接口的埋地给水管道，在土壤或地下水对橡胶圈有腐蚀的地段，在回填土前应用沥青胶泥、沥青麻丝或沥青锯末等材料封闭橡胶圈接口。橡胶圈接口的管道，每个接口的最大偏转角不得超过表 9-4 的规定。

表 9-4　橡胶圈接口最大允许偏转角

公称直径/mm	100	125	150	200	250	300	350	400
允许偏转角度/(°)	5	5	5	5	4	4	4	3

★检验方法：观察和尺量检查。

二、消防水泵接合器及室外消火栓安装

1. 施工现场图

消防水泵接合器安装如图 9-3 所示。

一般项目质量验收

　　消防水泵接合器和消火栓的位置标志应明显，栓口的位置应方便操作。消防水泵接合器和室外消火栓当采用墙壁式时，如设计未要求，进、出水栓口的中心安装高度应距地面1.10m，其上方应设有防坠落物打击的措施。
　　★检验方法：观察和尺量检查。

图 9-3　消防水泵接合器安装

2. 重点项目质量验收

（1）系统必须进行水压试验（图 9-4），试验压力为工作压力的 1.5 倍，但不得小于 0.6MPa。

图 9-4　水压试验

★检验方法：试验压力下，10min内压力降不大于0.05MPa，然后降至工作压力进行检查，压力保持不变，不渗不漏。

（2）室外消火栓和消防水泵接合器的各项安装尺寸应符合设计要求，栓口安装高度允许偏差为±20mm。

★检验方法：尺量检查。

（3）地下式消防水泵接合器顶部进水口或地下式消火栓（图 9-5）的顶部出水口与消防井盖底面的距离不得大于 400mm，井内应有足够的操作空间，并设爬梯。寒冷地区井内应做防冻保护。

★检验方法：观察和尺量检查。

扫码看视频

消防井安装

图 9-5　地下式消火栓施工

★检验方法：观察和尺量检查。

（4）消防水泵接合器的安全阀及止回阀安装位置和方向应正确，阀门启闭应灵活。

★检验方法：现场观察和手扳检查。

三、管沟及井室

1. 施工现场图

管沟开挖施工现场如图 9-6 所示。

2. 重点项目质量验收

（1）各类井室（图 9-7）的井盖应符合设计要求，应有明显的文字标识，各种井盖不得混用。

（2）设在通车路面下或小区道路下的各种井室，必须使用重型井圈和井盖，井盖上表面

一般项目质量验收
　（1）管沟的坐标、位置、沟底标高应符合设计要求。
　★检验方法：观察、尺量检查。
　（2）管沟的沟底层应是原土层，或是夯实的回填土，沟底应平整，坡度应顺畅，不得有尖硬的物体、块石等。
　★检验方法：观察检查。

图 9-6　管沟开挖施工现场

★检验方法：现场观察检查。

图 9-7　井室现场砌筑

应与路面相平，允许偏差为±5mm。绿化带上和不通车的地方可采用轻型井圈和井盖，井盖的上表面应高出地坪 50mm，并在井口周围以 2% 的坡度向外做水泥砂浆护坡。

　★检验方法：观察和尺量检查。

（3）重型铸铁或混凝土井圈不得直接放在井室的砖墙上，砖墙上应做不少于 80mm 厚的细石混凝土垫层。

　★检验方法：观察和尺量检查。

（4）如沟基为岩石、不易清除的块石或为砾石层时，沟底应下挖 100～200mm，填铺细砂或粒径不大于 5mm 的细土，夯实到沟底标高后，方可进行管道敷设。

　★检验方法：观察和尺量检查。

（5）管沟回填土作业时（图 9-8），管顶上 200mm 以内应用砂子或无块石及冻土块的土，并不得用机械回填；管顶上部 500mm 以内不得回填直径大于 100mm 的块石和冻土块；500mm 以上部分回填土中的块石或冻土块不得集中。上部用机械回填时，机械不得在管沟上行走。

（6）井室的砌筑应按设计或给定的标准图施工。井室的底标高在地下水位以上时，基层应为素土夯实；在地下水位以下时，基层应打 100mm 厚的混凝土底板。砌筑应采用水泥砂浆，内表面抹灰后应严密不透水。

　★检验方法：观察和尺量检查。

（7）管道穿过井壁处，应用水泥砂浆分两次填塞严密、抹平，不得渗漏。

　★检验方法：观察检查。

★检验方法：观察和尺量检查。

图 9-8 管沟回填土作业

第二节 室外排水管网安装

一、排水管道安装

1. 施工现场图

排水管道安装施工现场如图 9-9 所示。

一般项目质量验收
　管道埋设前必须做灌水试验和通水试验，排水应畅通，无堵塞，管接口无渗漏。
　★检验方法：按排水检查井分段试验，试验水头应以试验段上游管顶加1m，时间不于30min，逐段观察。

扫码看视频

室外排水
管道施工

图 9-9 排水管道安装施工现场

2. 重点项目质量验收

（1）排水管道的坡度必须符合设计要求，严禁无坡或倒坡。

★检验方法：用水准仪、拉线和尺量检查。

（2）管道的坐标和标高应符合设计要求，安装的允许偏差和检验方法应符合表 9-5 的规定。

表 9-5 室外排水管道安装的允许偏差和检验方法

项目		允许偏差/mm	检验方法
坐标	埋地	100	拉线和尺量
	敷设在沟槽内	50	
标高	埋地	±20	用水平仪、拉线和尺量
	敷设在沟槽内	±20	
水平管道纵横向弯曲	每 5m 长	10	拉线和尺量
	全长（两井间）	30	

（3）排水铸铁管采用水泥捻口时，油麻填塞应密实，接口水泥应密实饱满，其接口面凹入承口边缘且深度不得大于2mm。

★检验方法：观察和尺量检查。

（4）排水铸铁管（图9-10）外壁在安装前应除锈，涂两遍石油沥青漆。

★检验方法：观察检查。

图9-10   排水铸铁管安装

（5）承插接口的排水管道安装时，管道和管件的承口应与水流方向相反。

★检验方法：观察检查。

（6）混凝土管（图9-11）或钢筋混凝土管采用抹带接口时，应符合下列规定：

① 抹带前应将管口的外壁凿毛，扫净，当管径小于或等于500mm时，抹带可一次完成；当管径大于500mm时，应分两次抹成，抹带不得有裂纹；

② 钢丝网应在管道就位前放入下方，抹压砂浆时应将钢丝网抹压牢固，钢丝网不得外露；

③ 抹带厚度不得小于管壁的厚度，宽度宜为80～100mm。

★检验方法：观察和尺量检查。

图9-11   排水混凝土管安装

二、排水管沟及井池

1. 施工现场图

排水管沟施工现场如图9-12所示。

2. 重点项目质量验收

（1）排水检查井、化粪池（图9-13）的底板及进、出水管的标高，必须符合设计，其允许偏差为±15mm。

一般项目质量验收
　　沟基的处理和井池的底板强度必须符合设计要求。
　　★检验方法：现场观察和尺量检查，检查混凝土强度报告。

图 9-12　排水管沟施工现场

★检验方法：用水准仪及尺量检查。

图 9-13　化粪池施工现场

（2）井、池的规格、尺寸和位置应正确，砌筑和抹灰应符合相关要求。

★检验方法：观察及尺量检查。

（3）井盖选用应正确，标志应明显，标高应符合设计要求。

★检验方法：观察、尺量检查。

第十章

热水与采暖工程施工质量验收

第一节　室内热水供应系统安装

一、管道及配件安装

1. 施工现场图

热水管道安装施工现场如图 10-1 所示。

> **一般项目质量验收**
> （1）热水供应系统竣工后必须进行冲洗。
> ★检验方法：现场观察检查。
> （2）管道安装坡度应符合设计规定。
> ★检验方法：水平尺、拉线尺量检查。

图 10-1　热水管道安装施工现场

2. 重点项目质量验收

（1）热水供应系统安装完毕，管道保温之前应进行水压试验。试验压力应符合设计要求。当设计未注明时，热水供应系统水压试验压力应为系统顶点的工作压力加 0.1MPa，同时在系统顶点的试验压力不小于 0.3MPa。

★检验方法：钢管或复合管道系统试验压力下 10min 内压力降不大于 0.02MPa，然后降至工作压力检查，压力应不降，且不渗不漏；塑料管道系统在试验压力下稳压 1h，压力降不得超过 0.05MPa，然后在工作压力 1.15 倍状态下稳压 2h，压力降不得超过 0.03MPa，连接处不得渗漏。

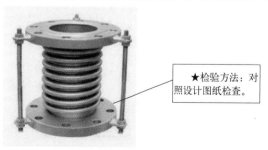

> ★检验方法：对照设计图纸检查。

图 10-2　补偿器

（2）热水供应管道应尽量利用自然弯补偿热伸缩，直线段过长则应设置补偿器（图 10-2）。补偿器型式、规格、位置应符合设计要求，并按有关规定进行预拉伸。

（3）温度控制器及阀门应安装在便于观察和维护的位置。

★检验方法：观察检查。

二、辅助设备安装

1. 施工现场图

太阳能热水器安装施工现场如图 10-3 所示。

一般项目质量验收
　　（1）太阳能热水器的最低处应安装泄水装置。
　　★检验方法：观察检查。
　　（2）凡以水作介质的太阳能热水器，在0℃以下地区使用，应采取防冻措施。
　　★检验方法：观察检查。

图 10-3　太阳能热水器安装施工现场

2. 重点项目质量验收

（1）在安装太阳能集热器玻璃前，应对集热排管和上、下集管做水压试验，试验压力为工作压力的 1.5 倍。

★检验方法：试验压力下 10min 内压力不降，不渗不漏。

（2）热交换器（图 10-4）应以工作压力的 1.5 倍做水压试验。蒸汽部分应不低于蒸汽供汽压力加 0.3MPa；热水部分应不低于 0.4MPa。

★检验方法：试验压力下10min内压力不降，不渗不漏。

图 10-4　热交换器安装施工

（3）水泵（图 10-5）就位前的基础混凝土强度、坐标、标高、尺寸和螺栓孔位置必须符合设计要求。

（4）水泵试运转的轴承温升必须符合设备说明书的规定。

★检验方法：温度计实测检查。

（5）由集热器上、下集管接往热水箱的循环管道，应有不小于 0.5％ 的坡度。

★检验方法：尺量检查。

（6）自然循环的热水箱底部与集热器上集管之间的距离为 0.3～1.0m。

★检验方法：尺量检查。

图 10-5　水泵安装施工

（7）制作吸热钢板凹槽时，其圆度应准确，间距应一致。安装集热排管时，应用卡箍和钢丝紧固在钢板凹槽内。

★检验方法：手扳和尺量检查。

（8）热水箱及上、下集管等循环管道均应保温（图 10-6）。

扫码看视频

管道保温施工

图 10-6　管道保温施工

（9）太阳能热水器安装的允许偏差和检验方法应符合表 10-1 的规定。

表 10-1　太阳能热水器安装的允许偏差和检验方法

项目			允许偏差	检验方法
板式直管太阳能热水器	标高	中心线距地面	±20mm	尺量
	固定安装朝向	最大偏移角	不大于 15°	分度仪检查

第二节　室内采暖系统安装

一、管道及配件安装

1. 施工现场图

采暖管道安装施工现场如图 10-7 所示。

2. 重点项目质量验收

（1）管道安装坡度，当设计未注明时，应符合下列规定：

① 气、水同向流动的热水采暖管道和汽、水同向流动的蒸汽管道及凝结水管道，坡度

一般项目质量验收
　　焊接钢管管径大于 32mm 的管道转弯，在作为自然补偿时应使用煨弯。塑料管及复合管除必须使用直角弯头的场合外应使用管道直接弯曲转弯。
★检验方法：观察检查。

图 10-7　采暖管道安装施工现场

应为 0.3%，不得小于 0.2%；

②气、水逆向流动的热水采暖管道和汽、水逆向流动的蒸汽管道，坡度不应小于 0.5%；

③散热器支管的坡度应为 1%，坡向应利于排气和泄水。

★检验方法：观察，水平尺、拉线、尺量检查。

（2）补偿器的型号、安装位置及预拉伸和固定支架的构造及安装位置应符合设计要求。

★检验方法：对照图纸，现场观察，并查验预拉伸记录。

（3）平衡阀及调节阀型号、规格、公称压力及安装位置应符合设计要求。安装完后应根据系统平衡要求进行调试并做出标志。

★检验方法：对照图纸查验产品合格证，并现场查看。

（4）蒸汽减压阀（图 10-8）和管道及设备上安全阀的型号、规格、公称压力及安装位置应符合设计要求。安装完毕后应根据系统工作压力进行调试，并做出标志。

★检验方法：对照图纸查验产品合格证及调试结果证明书。

图 10-8　蒸汽减压阀

（5）方形补偿器制作时，应用整根无缝钢管煨制，如需要接口，其接口应设在垂直臂的中间位置，且接口必须焊接。

★检验方法：观察检查。

（6）方形补偿器（图 10-9）应水平安装，并与管道的坡度一致；如其臂长方向垂直安装必须设排气及泄水装置。

（7）热量表（图 10-10）、疏水器、除污器、过滤器及阀门的型号、规格、公称压力及安装位置应符合设计要求。

（8）采暖系统入口装置及分户热计量系统入户装置，应符合设计要求。安装位置应便于

★检验方法：观察检查。

图 10-9　方形补偿器

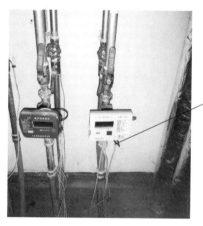

★检验方法：对照图纸查验产品合格证。

图 10-10　热量表安装

检修、维护和观察。

★检验方法：现场观察。

（9）上供下回式系统的热水干管变径应顶平偏心连接，蒸汽干管变径应底平偏心连接。

★检验方法：观察检查

（10）在管道干管上焊接垂直或水平分支管道时，干管开孔所产生的钢渣及管壁等废弃物不得残留管内，且分支管道在焊接时不得插入干管内。

★检验方法：观察检查。

（11）当采暖热媒为 110～130℃的高温水时，管道可拆卸件应使用法兰，不得使用长丝和活接头。法兰垫料应使用耐热橡胶板。

★检验方法：观察和查验进料单。

（12）管道、金属支架（图 10-11）和设备的防腐和涂漆应附着良好，无脱皮、起泡、流淌和漏涂缺陷。

★检验方法：现场观察检查。

图 10-11　金属支架安装

（13）采暖管道安装的允许偏差和检验方法应符合表 10-2 的规定。

表 10-2　采暖管道安装的允许偏差和检验方法

项目			允许偏差	检验方法
横管道纵、横方向弯曲	每 1m	管径≤100mm	1mm	用水平尺、直尺、拉线和尺量检查
		管径＞100mm	1.5mm	
	全长（25m 以上）	管径≤100mm	≤13mm	
		管径＞100mm	≤25mm	
立管垂直度	每 1m		2mm	吊线和尺量检查
	全长（5m 以上）		≤10mm	
弯管	椭圆率 $\dfrac{D_{max}-D_{min}}{D_{max}}$	管径≤100mm	10%	用外卡钳和尺量检查
		管径＞100mm	8%	
	折皱不平度	管径≤100mm	4mm	
		管径＞100mm	5mm	

注：D_{max}、D_{min} 分别为管道最大外径及最小外径（mm）。

二、辅助设备及散热器安装

1. 施工现场图

散热器安装施工现场如图 10-12 所示。

一般项目质量验收
　　散热器背面与装饰后的墙内表面安装距离，应符合设计或产品说明书要求。如设计未注明，应为 30mm。
　　★检验方法：尺量检查。

图 10-12　散热器安装施工现场

2. 重点项目质量验收

（1）散热器组对后，以及整组出厂的散热器在安装之前应做水压试验。试验压力如设计无要求时应为工作压力的 1.5 倍，且不小于 0.6MPa。

★检验方法：试验时间为 2～3min，压力不降且不渗不漏。

（2）散热器组对应平直紧密，组对后的平直度允许偏差应符合表 10-3 的规定。

表 10-3　组对后的散热器平直度允许偏差

散热器类型	片数	允许偏差/mm
长翼型	2～4	4
	5～7	6
铸铁片式、钢制片式	3～15	4
	16～25	6

★检验方法：拉线和尺量。

（3）组对散热器的垫片应符合下列规定：

① 组对散热器垫片应使用成品，组对后垫片外露不应大于 1mm；

② 散热器垫片材质当设计无要求时，应采用耐热橡胶。

★检验方法：观察和尺量检查。

（4）散热器支架、托架安装，位置应准确，埋设牢固。散热器支架、托架数量，应符合设计或产品说明书要求，如设计无要求时，则应符合表 10-4 的规定。

表 10-4　散热器支架、托架数量

散热器型式	安装方式	每组片数	上部托钩或卡架数	下部托钩或卡架数	合计
长翼型	挂墙	2～4	1	2	3
		5	2	2	4
		6	2	3	5
		7	2	4	6
柱型、柱翼型	挂墙	3～8	1	2	3
		9～12	1	3	4
		13～16	2	4	6
		17～20	2	5	7
		21～25	2	6	8
	带足落地	3～8	1	—	1
		8～12	1	—	1
		13～16	2	—	2
		17～20	2	—	2
		21～25	2	—	2

★检验方法：现场清点检查。

（5）散热器安装允许偏差和检验方法应符合表 10-5 的规定。

表 10-5　散热器安装允许偏差和检验方法

项目	允许偏差/mm	检验方法
散热器背面与墙内表面距离	3	尺量
与窗中心线或设计定位尺寸	20	
散热器垂直度	3	吊线和尺量

（6）铸铁或钢制散热器表面的防腐及面漆应附着良好，色泽均匀，无脱落、起泡、流淌和漏涂缺陷。

★检验方法：现场观察。

三、金属辐射板安装

1. 施工现场图

金属辐射板安装施工现场如图 10-13 所示。

一般项目质量验收
　　辐射板管道及带状辐射板之间的连接，应使用法兰连接。
★检验方法：观察检查。

图 10-13　金属辐射板安装施工现场

2. 重点项目质量验收

（1）辐射板在安装前应做水压试验，如设计无要求时试验压力应为工作压力 1.5 倍，但不得小于 0.6MPa。

★检验方法：试验压力下 2～3min 压力不降且不渗不漏。

（2）水平安装的辐射板应有不小于 0.5％的坡度坡向回水管。

★检验方法：水平尺、拉线和尺量检查。

四、低温热水地板辐射采暖系统安装

1. 施工现场图

低温热水地板辐射采暖系统安装施工现场如图 10-14 所示。

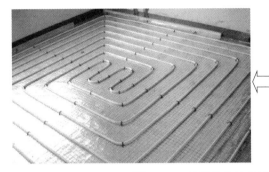

一般项目质量验收
　（1）防潮层、防水层、隔热层及伸缩缝应符合设计要求。
　★检验方法：填充层浇灌前观察检查。
　（2）填充层强度标号应符合设计要求。
　★检验方法：做试块抗压试验。

扫码看视频

低温热水地板
辐射采暖施工

图 10-14　低温热水地板辐射采暖施工现场

2. 重点项目质量验收

（1）地面下敷设的盘管埋地部分不应有接头。

★检验方法：隐蔽前现场查看。

（2）盘管隐蔽前必须进行水压试验，试验压力为工作压力的 1.5 倍，但不小于 0.6MPa。

★检验方法：稳压 1h 内压力降不大于 0.05MPa 且不渗不漏。

（3）加热盘管弯曲部分不得出现硬折弯现象，曲率半径应符合下列规定。

① 塑料管：不应小于管道外径的 8 倍。

② 复合管：不应小于管道外径的 5 倍。

★检验方法：尺量检查。

（4）分、集水器型号、规格、公称压力及安装位置、高度等应符合设计要求。

★检验方法：对照图纸及产品说明书，尺量检查。

（5）加热盘管（图 10-15）管径、间距和长度应符合设计要求。间距偏差不大于±10mm。

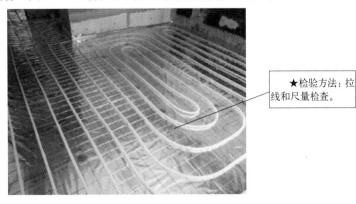

★检验方法：拉线和尺量检查。

图 10-15　加热盘管安装

五、系统水压试验及调试

1. 施工现场图

系统水压试验现场如图 10-16 所示。

一般项目质量验收
系统冲洗完毕应充水、加热，进行试运行和调试。
★检验方法：观察、测量室温应满足设计要求。

图 10-16　系统水压试验现场

2. 重点项目质量验收

（1）采暖系统安装完毕，管道保温之前应进行水压试验。试验压力应符合设计要求。当设计未注明时，应符合下列规定：

① 蒸汽、热水采暖系统，应以系统顶点工作压力加 0.1MPa 做水压试验，同时在系统顶点的试验压力不小于 0.3MPa；

② 高温热水采暖系统，试验压力应为系统顶点工作压力加 0.4MPa；

③ 使用塑料管及复合管的热水采暖系统，应以系统顶点工作压力加 0.2MPa 做水压试验，同时在系统顶点的试验压力不小于 0.4MPa。

★检验方法：使用钢管及复合管的采暖系统应在试验压力下 10min 内压力降不大于 0.02MPa，降至工作压力后检查，应不渗、不漏；使用塑料管的采暖系统应在试验压力下 1h 内压力降不大于 0.05MPa，然后降压至工作压力的 1.15 倍，稳压 2h，压力降不大于 0.03MPa，同时各连接处不渗、不漏。

（2）系统试压合格后，应对系统进行冲洗并清扫过滤器及除污器。

★检验方法：现场观察，直至排出水不含泥砂、铁屑等杂质，且水色不浑浊为合格。

第三节　供热锅炉及辅助设备安装

一、锅炉安装

1. 施工现场图

锅炉安装施工现场如图 10-17 所示。

2. 重点项目质量验收

（1）锅炉设备基础的混凝土强度必须达到设计要求，基础的坐标、标高、几何尺寸和螺栓孔位置应符合表 10-6 的规定。

（2）非承压锅炉，应严格按设计或产品说明书的要求施工。锅筒顶部必须敞口或装设大气连通管，连通管上不得安装阀门。

一般项目质量验收
　　锅炉由炉底送风的风室及锅炉底座与基础之间必须封堵严密。
★检验方法：观察检查。

图 10-17　锅炉安装施工现场

表 10-6　锅炉及辅助设备基础的允许偏差和检验方法

项　　目		允许偏差/mm	检验方法
基础坐标位置		20	经纬仪、拉线和尺量
基础各不同平面的标高		0，−20	水准仪、拉线和尺量
基础平面外形尺寸		20	尺量检查
凸台上平面尺寸		0，−20	
凹穴尺寸		+20，0	
基础上平面水平度	每米	5	水平仪（水平尺）和楔形塞尺检查
	全长	10	
竖向偏差	每米	5	经纬仪或吊线和尺量
	全长	10	
预埋地脚螺栓	标高（顶端）	+20，0	水准仪、拉线和尺量
	中心距（根部）	2	
预留地脚螺栓孔	中心位置	10	尺量
	孔深	−20，0	
	孔壁垂直度	10	吊线和尺量
预埋活动地脚螺栓锚板	中心位置	5	拉线和尺量
	标高	+20，0	
	水平度（带槽锚板）	5	水平尺和楔形塞尺检查
	水平度（带螺纹孔锚板）	2	

★检验方法：对照设计图纸或产品说明书检查。

（3）以天然气为燃料的锅炉的天然气释放管或大气排放管不得直接通向大气，应通向贮存或处理装置。

★检验方法：对照设计图纸检查。

（4）两台或两台以上燃油锅炉共用一个烟囱时，每一台锅炉的烟道上均应配备风阀或挡板装置，并应具有操作调节和闭锁功能。

★检验方法：观察和手扳检查。

（5）锅炉的锅筒和水冷壁的下集箱及后棚管的后集箱的最低处排污阀及排污管道不得采用螺纹连接。

★检验方法：观察检查。

（6）锅炉的汽、水系统安装完毕后，必须进行水压试验。水压试验的压力应符合表 10-7 的规定。

表 10-7　水压试验压力规定

设备名称	工作压力 P/MPa	试验压力/MPa
锅炉本体	$P<0.59$	$1.5P$ 但不小于 0.2
	$0.59 \leqslant P \leqslant 1.18$	$P+0.3$
	$P>1.18$	$1.25P$
可分式省煤器	P	$1.25P+0.5$
非承压锅炉	大气压力	0.2

★检验方法：

① 在试验压力下 10min 内压力降不超过 0.02MPa；然后降至工作压力进行检查，应压力不降、不渗、不漏；

② 观察检查，不得有残余变形，受压元件金属壁和焊缝上不得有水珠和水雾。

（7）锅炉安装的坐标、标高、中心线和垂直度的允许偏差和检验方法应符合表 10-8 的规定。

表 10-8　锅炉安装的允许偏差和检验方法

项目		允许偏差/mm	检验方法
坐标		10	经纬仪、拉线和尺量
标高		±5	水准仪、拉线和尺量
中心线垂直度	卧式锅炉炉体全高	3	吊线和尺量
	立式锅炉炉体全高	4	吊线和尺量

（8）组装链条炉排安装的允许偏差和检验方法应符合表 10-9 的规定。

表 10-9　组装链条炉排安装的允许偏差和检验方法

项目		允许偏差/mm	检验方法
炉排中心位置		2	经纬仪、拉线和尺量
墙板的标高		±5	水准仪、拉线和尺量
墙板的垂直度，全高		3	吊线和尺量
墙板间两对角线的长度之差		5	钢丝线和尺量
墙板框的纵向位置		5	经纬仪、拉线和尺量
墙板顶面的纵向水平度		长度 1/1000，且≤5	拉线、水平尺和尺量
墙板间的距离	跨距≤2m	$\begin{matrix}+3\\0\end{matrix}$	钢丝线和尺量
	跨距>2m	$\begin{matrix}+5\\0\end{matrix}$	
两墙板的顶面在同一水平面上相对高差		5	水准仪、吊线和尺量
前轴、后轴的水平度		长度 1/1000	拉线、水平尺和尺量
前轴和后轴和轴心线相对标高差		5	水准仪、吊线和尺量
各轨道在同一水平面上的相对高差		5	水准仪、吊线和尺量
相邻两轨道间的距离		±2	钢丝线和尺量

（9）铸铁省煤器破损的肋片数不应大于总肋片数的 5%，有破损肋片的根数不应大于总根数的 10%。

铸铁省煤器支承架安装的允许偏差和检验方法应符合表 10-10 的规定。

表 10-10　铸铁省煤器支承架安装的允许偏差和检验方法

项目	允许偏差/mm	检验方法
支承架的位置	3	经纬仪、拉线和尺量
支承架的标高	$\begin{matrix}0\\-5\end{matrix}$	水准仪、吊线和尺量
支承架的纵、横向水平度（每米）	1	水平尺和塞尺检查

（10）锅炉本体安装应按设计或产品说明书要求布置坡度并坡向排污阀。

★检验方法：用水平尺或水准仪检查。

（11）省煤器（图 10-18）的出口处（或入口处）应按设计或锅炉图纸要求安装阀门和管道。

★检验方法：对照设计图纸检查。

图 10-18　省煤器安装施工现场

二、辅助设备及管道安装

1. 施工现场图

锅炉风机安装施工现场如图 10-19 所示。

一般项目质量验收
　　管道连接的法兰、焊缝和连接管件以及管道上的仪表、阀门的安装位置应便于检修，并不得紧贴墙壁、楼板或管架。
　　★检验方法：观察检查。

图 10-19　锅炉风机安装施工现场

2. 重点项目质量验收

（1）风机试运转，轴承温升应符合下列规定：

① 滑动轴承温度最高不得超过 60℃；

② 滚动轴承温度最高不得超过 80℃。

★检验方法：用温度计检查。

轴承径向单振幅应符合下列规定：

① 风机转速小于 1000r/min 时，不应超过 0.10mm；

② 风机转速为 1000～1450r/min 时，不应超过 0.08mm。

★检验方法：用测振仪表检查。

（2）分汽缸（分水器、集水器）安装前应进行水压试验，试验压力为工作压力的 1.5 倍，且不得小于 0.6MPa。

★检验方法：试验压力下 10min 内无压降、无渗漏。

（3）敞口箱、罐安装前应做满水试验；密闭箱、罐应以工作压力的 1.5 倍做水压试验，且不得小于 0.4MPa。

★检验方法：满水试验满水后静置 24h 不渗不漏；水压试验在试验压力下 10min 内无压降，不渗不漏。

（4）地下直埋油罐在埋地前应做气密性试验，试验压力降不应小于 0.03MPa。

★检验方法：试验压力下观察 30min 不渗、不漏，无压降。

（5）连接锅炉及辅助设备的工艺管道安装完毕后，必须进行系统的水压试验，试验压力为系统中最大工作压力的 1.5 倍。

★检验方法：在试验压力 10min 内压力降不超过 0.05MPa，然后降至工作压力进行检查，不渗不漏。

（6）锅炉辅助设备安装的允许偏差和检验方法应符合表 10-11 的规定。

表 10-11　锅炉辅助设备安装的允许偏差和检验方法

项目		允许偏差/mm	检验方法
送、引风机	坐标	10	经纬仪、拉线和尺量
	标高	±5	水准仪、拉线和尺量
各种静置设备（各种容器、箱、罐等）	坐标	15	经纬仪、拉线和尺量
	标高	±5	水准仪、拉线和尺量
	垂直度（每 1 米）	2	吊线和尺量
离心式水泵	泵体水平度（每 1 米）	0.1	水平尺和塞尺检查
	联轴器同心度　轴向倾斜（每 1 米）	0.8	水准仪、百分表
	联轴器同心度　径向位移	0.1	（测微螺钉）和塞尺检查

（7）连接锅炉及辅助设备的工艺管道安装的允许偏差和检验方法应符合表 10-12 的规定。

表 10-12　工艺管道安装的允许偏差和检验方法

项目		允许偏差/mm	检验方法
坐标	架空	15	水准仪、拉线和尺量
	地沟	10	
标高	架空	±15	水准仪、拉线和尺量
	地沟	±10	
水平管道纵、横方向弯曲	公称直径≤100mm	0.2%,最大 50	直尺和拉线检查
	公称直径＞100mm	0.3%,最大 70	
立管垂直		0.2%,最大 15	吊线和尺量
成排管道间距		3	直尺尺量
交叉管的外壁或绝热层间距		10	

（8）水泵安装（图 10-20）的外观质量检查：泵壳不应有裂纹、砂眼及凹凸不平等缺陷；多级泵的平衡管路应无损伤或折陷现象；蒸汽往复泵的主要部件、活塞及活动轴必须灵活。

（9）手摇泵应垂直安装。安装高度如设计无要求时，泵中心距地面为 800mm。

★检验方法：吊线和尺量检查。

（10）水泵试运转，叶轮与泵壳不应相碰，进、出口部位的阀门应灵活。轴承温升应符合产品说明书的要求。

★检验方法：通电、操作和测温检查。

（11）注水器安装高度，如设计无要求时，中心距地面为 1.0～1.2m。

★检验方法：尺量检查。

★检验方法：观察和启动检查。

图 10-20　水泵安装施工

（12）除尘器安装（图 10-21）应平稳牢固，位置和进、出口方向应正确。烟管与引风机连接时应采用软接头，不得将烟管重量压在风机上。

★检验方法：观察检查。

图 10-21　除尘器安装

（13）热力除氧器和真空除氧器的排汽管应通向室外，直接排入大气。

★检验方法：观察检查。

（14）软化水设备罐体的视镜应布置在便于观察的方向。树脂装填的高度应按设备说明书要求进行。

★检验方法：对照说明书，观察检查。

（15）在涂刷油漆前，必须清除管道及设备表面的灰尘、污垢、锈斑、焊渣等物。涂漆的厚度应均匀，不得有脱皮、起泡、流淌和漏涂等缺陷。

★检验方法：现场观察检查。

三、安全附件安装

1. 施工现场图

压力表安装施工现场如图 10-22 所示。

图 10-22　压力表安装施工现场

2. 重点项目质量验收

（1）锅炉和省煤器安全阀的定压和调整应符合表 10-13 的规定。锅炉上装有两个安全阀时，其中的一个按表中较高值定压，另一个按较低值定压。装有一个安全阀时，应按较低值定压。

表 10-13　安全阀定压规定

工作设备	安全阀开启压力/MPa
蒸汽锅炉	工作压力+0.02MPa
	工作压力+0.04MPa
热水锅炉	1.12 倍工作压力，且不少于工作压力+0.07MPa
	1.14 倍工作压力，且不少于工作压力+0.10MPa
省煤器	1.1 倍工作压力

★检验方法：检查定压合格证书。

（2）压力表的刻度极限值，应大于或等于工作压力的 1.5 倍，表盘直径不得小于 100mm。

★检验方法：现场观察和尺量检查。

（3）安装水位表应符合下列规定：

① 水位表应有指示最高、最低安全水位的明显标志，玻璃板（管）的最低可见边缘应比最低安全水位低 25mm；最高可见边缘应比最高安全水位高 25mm；

② 玻璃管式水位表应有防护装置；

③ 电接点式水位表的零点应与锅筒正常水位重合；

④ 采用双色水位表时，每台锅炉只能装设一个，另一个装设普通水位表；

⑤ 水位表应有放水旋塞（或阀门）和接到安全地点的放水管。

★检验方法：现场观察和尺量检查。

（4）锅炉的高低水位报警器和超温、超压报警器及联锁保护装置必须按设计要求安装齐全和有效。

★检验方法：启动、联动试验并做好试验记录。

（5）安装压力表必须符合下列规定：

① 压力表必须安装在便于观察和吹洗的位置，并防止受高温、冰冻和振动的影响，同时要有足够的照明；

② 压力表必须设有存水弯管。存水弯管采用钢管煨制时，内径不应小于 10mm；采用

铜管煨制时，内径不应小于 6mm；

③ 压力表与存水弯管之间应安装三通旋塞。

★检验方法：观察和尺量检查。

（6）测压仪表取源部件在水平工艺管道上安装时，取压口的方位应符合下列规定：

① 测量液体压力的，在工艺管道的下半部与管道的水平中心线成 0°～45°夹角范围内；

② 测量蒸汽压力的，在工艺管道的上半部或下半部与管道水平中心线成 0°～45°夹角范围内；

③ 测量气体压力的，在工艺管道的上半部。

★检验方法：观察和尺量检查。

（7）安装温度计应符合下列规定：

① 安装在管道和设备上的套管温度计，底部应插入流动介质内，不得装在引出的管段上或死角处；

② 压力式温度计的毛细管应固定好并有保护措施，其转弯处的弯曲半径不应小于 50mm，温包必须全部浸入介质内；

③ 热电偶温度计的保护套管应保证规定的插入深度。

★检验方法：观察和尺量检查。

（8）温度计（图 10-23）与压力表在同一管道上安装时，按介质流动方向温度计应在压力表下游处安装，如温度计需在压力表的上游安装时，其间距不应小于 300mm。

★检验方法：观察和尺量检查。

图 10-23　温度计安装

四、烘炉、煮炉和试运行

1. 施工现场图

烘炉操作现场如图 10-24 所示。

2. 重点项目质量验收

（1）锅炉火焰烘炉应符合下列规定：

① 火焰应在炉膛中央燃烧，不应直接烧烤炉墙及炉拱；

② 烘炉时间一般不少于 4d，升温应缓慢，后期烟温不应高于 160℃，且持续时间不应少于 24h；

③ 链条炉排在烘炉过程中应定期转动；

④ 烘炉的中、后期应根据锅炉水水质情况排污。

★检验方法：计时测温、操作观察检查。

一般项目质量验收

锅炉在烘炉、煮炉合格后，应进行48h的带负荷连续试运行，同时应进行安全阀的热状态定压检验和调整。

★检验方法：检查烘炉、煮炉及试运行全过程。

图 10-24　烘炉操作现场

（2）烘炉结束后应符合下列规定：

① 炉墙经烘烤后没有变形、裂纹及塌落现象；

② 炉墙砌筑砂浆含水率达到 7% 以下。

★检验方法：测试及观察检查。

（3）煮炉时间一般应为 2~3d，如蒸汽压力较低，可适当延长煮炉时间。非砌筑或浇注保温材料保温的锅炉，安装后可直接进行煮炉。煮炉结束后，锅筒和集箱内壁应无油垢，擦去附着物后金属表面应无锈斑。

★检验方法：打开锅筒和集箱检查孔检查。

五、换热站安装

1. 施工现场图

换热站安装施工现场如图 10-25 所示。

一般项目质量验收

高温水系统中，循环水泵和换热器的相对安装位置应按设计文件施工。

★检验方法：对照设计图纸检查。

图 10-25　换热站安装施工现场

2. 重点项目质量验收

（1）热交换器应以最大工作压力的 1.5 倍作水压试验，蒸汽部分应不低于蒸汽供汽压力加 0.3MPa；热水部分应不低于 0.4MPa。

★检验方法：在试验压力下，保持 10min 压力不降。

（2）壳管式热交换器的安装，如设计无要求时，其封头与墙壁或屋顶的距离不得小于换热管的长度。

★检验方法：观察和尺量检查。

第十一章

电气工程施工质量验收

第一节 建筑电气分项工程

一、变压器、箱式变电所安装

1. 施工现场图

变压器安装施工现场如图 11-1 所示。

一般项目质量验收
(1) 变压器安装应位置正确，附件齐全，油浸变压器油位正常，无渗油现象。
★检验方法：观察检查。
(2) 变压器中性点的接地连接方式及接地电阻值应符合设计要求。
★检验方法：观察检查并用接地电阻测试仪测试。

图 11-1　变压器安装施工现场

2. 重点项目质量验收

（1）变压器箱体、干式变压器的支架、基础型钢及外壳应分别单独与保护导体可靠连接，紧固件及防松零件齐全。

★检验方法：观察检查。

（2）箱式变电所（图 11-2）及其落地式配电箱的基础应高于室外地坪，周围排水通畅。用地脚螺栓固定的螺帽应齐全，拧紧牢固；自由安放的应垫平放正。对于金属箱式变电所及落地式配电箱，箱体应与保护导体可靠连接，且有标识。

（3）箱式变电所的交接试验应符合下列规定：

① 对于高压开关、熔断器等与变压器组合在同一个密闭油箱内的箱式变电所，交接试验应按产品提供的技术文件要求执行；

② 低压成套配电柜和馈电线路的每路配电开关及保护装置的相间和相对地间的绝缘电阻值不应小于 0.5MΩ；当国家现行产品标准未做规定时，电气装置的交流工频耐压试验电

★检验方法：观察检查和手感检查。

图 11-2　箱式变电所安装

压应为 1000V，试验持续时间应为 1min，当绝缘电阻值大于 $10\text{M}\Omega$ 时，采用 2500V 兆欧表摇测。

★检验方法：用绝缘电阻测试仪测试、试验并查阅交接试验记录。

（4）配电间隔和静止补偿装置栅栏门应采用裸编织铜线与保护导体可靠连接，其截面积不应小于 4mm^2。

★检验方法：观察检查。

（5）有载调压开关的传动部分润滑应良好，动作灵活，点动给定位置与开关实际位置应一致，自动调节应符合产品的技术文件要求。

★检验方法：观察检查或操作检查。

（6）绝缘件应无裂纹、缺损和瓷件瓷釉损坏等缺陷，外表应清洁，测温仪表指示应准确。

★检验方法：观察检查。

（7）装有滚轮的变压器就位后，应将滚轮用能拆卸的制动部件固定。

★检验方法：观察检查。

（8）变压器应按产品技术文件要求进行器身检查，当满足下列条件之一时，可不检查器身：

① 制造厂规定不检查器身；

② 就地生产仅作短途运输的变压器，且在运输过程中有效监督，无紧急制动、剧烈振动、冲撞或严重颠簸等异常情况。

★检验方法：核对产品技术文件、查阅运输过程资料。

（9）箱式变电所内、外涂层应完整、无损伤，对于有通风口的，其风口防护网应完好。

★检验方法：观察检查。

（10）箱式变电所的高压和低压配电柜内部接线（图 11-3）应完整、低压输出回路标记应清晰，回路名称应准确。

（11）对于油浸变压器（图 11-4）顶盖，沿气体继电器的气流方向应有 $1.0\%\sim1.5\%$ 的升高坡度。除与母线槽采用软连接外，变压器的套管中心线应与母线槽中心线在同一轴线上。

（12）对有防护等级要求的变压器，在其高压或低压及其他用途的绝缘盖板上开孔时，应符合变压器的防护等级要求。

★检验方法：观察检查。

图 11-3 配电柜内部接线

★检验方法：观察检查并采用水平仪测试。

图 11-4 油浸变压器

★检验方法：观察检查。

二、成套配电柜、控制柜和配电箱安装

1. 施工现场图

成套配电柜安装现场如图 11-5 所示。

一般项目质量验收
　(1) 柜、台、箱、盘的布置及安全间距应符合设计要求。
　★检验方法：尺量检查。
　(2) 室外安装的落地式配电（控制）柜、箱的基础应高于地坪，周围排水应通畅，其底座周围应采取封闭措施。
　★检验方法：观察检查。

图 11-5 成套配电柜安装现场

2. 重点项目质量验收

（1）柜、台、箱的金属框架及基础型钢（图 11-6）应与保护导体可靠连接；对于装有

★检验方法：观察检查。

图 11-6 配电柜基础型钢施工

电器的可开启门，门和金属框架的接地端子间应选用截面积不小于 $4mm^2$ 的黄绿色绝缘铜芯软导线连接，并应有标识。

（2）手车、抽屉式成套配电柜推拉应灵活，无卡阻碰撞现象。动触头与静触头的中心线应一致，且触头接触应紧密，投入时，接地触头应先于主触头接触；退出时，接地触头应后于主触头脱开。

★检验方法：观察检查。

（3）高压成套配电柜应符合下列规定：

① 继电保护元器件、逻辑元件、变送器和控制用计算机等单体校验应合格，整组试验动作应正确，整定参数应符合设计要求；

② 新型高压电气设备和继电保护装置投入使用前，应按产品技术文件要求进行交接试验。

★检验方法：模拟试验检查或查阅交接试验记录。

（4）对于低压成套配电柜、箱及控制柜（台、箱）间线路的线间和线对地间绝缘电阻值，馈电线路不应小于 $0.5M\Omega$，二次回路不应小于 $1M\Omega$；二次回路的耐压试验电压应为 1000V，当回路绝缘电阻值大于 $10M\Omega$ 时，应采用 2500V 兆欧表代替，试验持续时间应为 1min 或符合产品技术文件要求。

★检验方法：用绝缘电阻测试仪测试或试验、测试时观察检查或查阅绝缘电阻测试记录。

（5）直流柜试验时，应将屏内电子器件从线路上退出，主回路线间和线对地间绝缘电阻值不应小于 $0.5M\Omega$，直流屏所附蓄电池组的充、放电应符合产品技术文件要求；整流器的控制调整和输出特性试验应符合产品技术文件要求。

★检验方法：用绝缘电阻测试仪测试，调整试验时观察检查或查阅试验记录。

（6）配电箱（盘）内的剩余电流动作保护器（RCD）应在施加额定剩余动作电流的情况下测试动作时间，且测试值应符合设计要求。

★检验方法：仪表测试并查阅试验记录。

（7）柜、箱、盘内电涌保护器（SPD）安装应符合下列规定：

① SPD 的型号规格及安装布置应符合设计要求；

② SPD 的接线形式应符合设计要求，接地导线的位置不宜靠近出线位置；

③ SPD 的连接导线应平直、足够短，且不宜大于 0.5m。

★检验方法：观察检查。

（8）照明配电箱（盘）安装应符合下列规定：

① 箱（盘）内配线应整齐、无绞接现象；导线连接应紧密、不伤线芯、不断股；垫圈下螺钉两侧压的导线截面积应相同，同一电器器件端子上的导线连接不应多于 2 根，防松垫圈等零件应齐全；

② 箱（盘）内开关动作应灵活可靠；

③ 箱（盘）内宜分别设置中性导体（N）和保护接地导体（PE）汇流排，汇流排上同一端子不应连接不同回路的 N 或 PE。

★检验方法：观察检查及操作检查，螺丝刀拧紧检查。

（9）送至建筑智能化工程变送器的电量信号精度等级应符合设计要求，状态信号应正确；接收建筑智能化工程的指令应使建筑电气工程的断路器动作符合指令要求，且手动、自动切换功能均应正常。

★检验方法：模拟试验时观察检查或查阅检查记录。

（10）基础型钢安装允许偏差应符合表 11-1 的规定。

★检验方法：水平仪或拉线尺量检查。

表 11-1　基础型钢安装允许偏差

项目	允许偏差/mm	
	每 1m	全长
不直度	1.0	5.0
水平度	1.0	5.0
不平行度	—	5.0

（11）柜、台、箱相互间或与基础型钢间应用镀锌螺栓连接，且防松零件应齐全；当设计有防火要求时，柜、台、箱的进出口应做防火封堵，并应封堵严密。

★检验方法：观察检查。

（12）柜、台、箱（图 11-7）、盘应安装牢固，且不应设置在水管的正下方。柜、台、箱、盘安装垂直度允许偏差不应大于 0.15%，相互间接缝不应大于 2mm，成列盘面偏差不应大于 5mm。

★检验方法：线坠尺量检查、塞尺检查、拉线尺量检查。

图 11-7　配电箱现场安装

（13）柜、台、箱、盘内检查试验应符合下列规定：

① 控制开关及保护装置的规格、型号应符合设计要求；

② 闭锁装置动作应准确、可靠；

③ 主开关的辅助开关切换动作应与主开关动作一致；

④ 柜、台、箱、盘上的标识器件应标明被控设备编号及名称或操作位置，接线端子应有编号，且清晰、工整、不易脱色；

⑤ 回路中的电子元件不应参加交流工频耐压试验，50V 及以下回路可不做交流工频耐压试验。

★检验方法：观察检查并按设计图核对规格型号。

（14）低压电器组合应符合下列规定：

① 发热元件应安装在散热良好的位置；

② 熔断器的熔体规格、断路器（图 11-8）的整定值应符合设计要求；

③ 切换压板应接触良好，相邻压板间应有安全距离，切换时不应触及相邻的压板；

④ 信号回路的信号灯、按钮、光字牌、电铃、电笛、事故电钟等动作和信号显示应准确；

⑤ 金属外壳需做电击防护时，应与保护导体可靠连接；

⑥ 端子排应安装牢固，端子应有序号，强电、弱电端子应隔离布置，端子规格应与导线截面积大小适配。

★检验方法：观察检查并按设计图核对电器技术参数。

图 11-8　低压断路器

（15）柜、台、箱、盘间配线应符合下列规定：

① 二次回路接线应符合设计要求，除电子元件回路或类似回路外，回路的绝缘导线额定电压不应低于 450V/750V；对于铜芯绝缘导线或电缆的导体截面积，电流回路不应小于 2.5mm²，其他回路不应小于 1.5mm²。

② 二次回路连线应成束绑扎，不同电压等级、交流或直流线路及计算机控制线路应分别绑扎，且应有标识；固定后不应妨碍手车开关或抽出式部件的拉出或推入。

③ 线缆的弯曲半径不应小于线缆允许弯曲半径。

④ 导线连接不应损伤线芯。

★检验方法：观察检查。

（16）柜、台、箱、盘面板上的电器连接导线应符合下列规定：

① 连接导线应采用多芯铜芯绝缘软导线，敷设长度应留有适当裕量；

② 线束宜有外套塑料管等加强绝缘保护层；

③ 与电器连接时，端部应绞紧、不松散、不断股，其端部可采用不开口的终端端子或搪锡；

④ 可转动部位的两端应采用卡子固定。

★检验方法：观察检查。

（17）照明配电箱（盘）安装应符合下列规定：

① 箱体开孔应与导管管径适配，暗装配电箱箱盖应紧贴墙面，箱（盘）涂层应完整；

② 箱（盘）内回路编号应齐全，标识应正确；

③ 箱（盘）应采用不燃材料制作；

④ 箱（盘）应安装牢固、位置正确、部件齐全，安装高度应符合设计要求，垂直度允许偏差不应大于 0.15%。

★检验方法：观察检查并用线坠尺量检查。

三、母线槽安装

1. 施工现场图

母线槽安装施工现场如图 11-9 所示。

一般项目质量验收
　　当母线与母线、母线与电器或设备接线端子采用螺栓搭接连接时，应符合下列规定。
　　(1) 母线接触面应保持清洁，宜涂抗氧化剂，螺栓孔周边应无毛刺。
　　(2) 连接螺栓两侧位应有平垫圈，相邻垫圈间应有大于3mm的间隙，螺母侧应装有弹簧垫圈或锁紧螺母。
　　(3) 螺栓受力应均匀，不应使电器或设备的接线端子受额外应力。
　　★检验方法：观察检查并用尺量检查和用力矩测试仪测试紧固度。

图 11-9　母线槽安装施工现场

2. 重点项目质量验收

（1）母线槽的金属外壳等外露可导电部分应与保护导体可靠连接，并应符合下列规定：

① 每段母线槽的金属外壳间应连接可靠，且母线槽全长与保护导体可靠连接不应少于 2 处；

② 分支母线槽的金属外壳末端应与保护导体可靠连接；

③ 连接导体的材质、截面积应符合设计要求。

★检验方法：观察检查并用尺量检查。

（2）母线槽安装应符合下列规定：

① 母线槽不宜安装在水管正下方；

② 母线应与外壳同心，允许偏差应为±5mm；

③ 当母线槽段与段连接时，两相邻段母线及外壳宜对准，相序应正确，连接后不应使母线及外壳受额外应力；

④ 母线的连接方法应符合产品技术文件要求；

⑤ 母线槽连接用部件的防护等级应与母线槽本体的防护等级一致。

★检验方法：观察检查并用尺量检查，查阅母线槽安装记录。

（3）母线槽通电运行前应进行检验或试验，并应符合下列规定：

① 低压母线绝缘电阻值不应小于 $0.5M\Omega$；

② 检查分接单元插入时，接地触头应先于相线触头接触，且触头连接紧密，退出时，接地触头应后于相线触头脱开；

③ 检查母线槽与配电柜、电气设备的接线相序应一致。

★检验方法：用绝缘电阻测试仪测试，试验时观察检查并查阅交接试验记录、绝缘电阻测试记录。

（4）母线槽支架安装（图 11-10）应符合下列规定：

图 11-10　支架安装

① 除设计要求外，承力建筑钢结构构件上不得熔焊连接母线槽支架，且不得热加工开孔；

② 与预埋铁件采用焊接固定时，焊缝应饱满；采用膨胀螺栓固定时，选用的螺栓应适配，连接应牢固；

③ 支架应安装牢固、无明显扭曲，采用金属吊架固定时应有防晃支架，配电母线槽的圆钢吊架直径不得小于 8mm；照明母线槽的圆钢吊架直径不得小于 6mm；

④ 金属支架应进行防腐，位于室外及潮湿场所的应按设计要求做处理。

★检验方法：观察检查并用尺量或卡尺检查。

（5）对于母线与母线、母线与电器或设备接线端子搭接，搭接面的处理应符合下列规定。

① 铜与铜：当处于室外、高温且潮湿的室内时，搭接面应搪锡或镀银；干燥的室内，可不搪锡、不镀银。

② 铝与铝：可直接搭接。

③ 钢与钢：搭接面应搪锡或镀锌。

④ 铜与铝：在干燥的室内，铜导体搭接面应搪锡；在潮湿场所，铜导体面应搪锡或镀锌，且应采用铜铝过渡连接。

⑤ 钢与铜或铝：钢搭接面应镀锌或搪锡。

★检验方法：观察检查。

（6）当母线采用螺栓搭接时，连接处距绝缘子的支持夹板边缘不应小于 50mm。

★检验方法：观察检查并用尺量检查。

（7）当设计无要求时，母线的相序排列及涂色应符合下列规定：

① 对于上、下布置的交流母线，由上至下或由下至上排列应分别为 L1、L2、L3；直流母线应正极在上、负极在下；

② 对于水平布置的交流母线，由柜后向柜前或由柜前向柜后排列应分别为 L1、L2、L3；直流母线应正极在后、负极在前；

③ 对于面对引下线的交流母线，由左至右排列应分别为 L1、L2、L3；直流母线应正极在左、负极在右；

④ 对于母线的涂色，交流母线 L1、L2、L3 应分别为黄色、绿色和红色，中性导体应为淡蓝色；直流母线应正极为赭色、负极为蓝色；保护接地导体 PE 应为黄-绿双色组合色，保护中性导体（PEN）应为全长黄-绿双色、终端用淡蓝色或全长淡蓝色、终端用黄-绿双色；在连接处或支持件边缘两侧 10mm 以内不应涂色。

★检验方法：观察检查。

四、导管敷设

1. 施工现场图

导管敷设施工现场如图 11-11 所示。

扫码看视频

导管敷设施工

一般项目质量验收

　　导管敷设应符合下列规定。

　　(1) 导管穿越外墙时应设置防水套管，且应做好防水处理。

　　(2) 钢导管或刚性塑料导管跨越建筑物变形缝处应设置补偿装置。

　　(3) 除埋设于混凝土内的钢导管内壁应防腐处理，外壁可不做防腐处理外，其余场所敷设的钢导管内、外壁均应做防腐处理。

　　★检验方法：观察检查并查阅隐蔽工程检查记录。

图 11-11　导管敷设施工现场

2. 重点项目质量验收

　　(1) 金属导管应与保护导体可靠连接，并应符合下列规定：

　　① 镀锌钢导管、可弯曲金属导管和金属柔性导管不得熔焊连接；

　　② 当非镀锌钢导管采用螺纹连接时，连接处的两端应熔焊焊接保护联结导体；

　　③ 镀锌钢导管、可弯曲金属导管和金属柔性导管连接处的两端宜采用专用接地卡固定保护联结导体；

　　④ 金属导管与金属梯架、托盘连接时，镀锌材质的连接端宜用专用接地卡固定保护联结导体，非镀锌材质的连接处应熔焊焊接保护联结导体；

　　⑤ 以专用接地卡固定的保护联结导体应为铜芯软导线，截面积不应小于 $4mm^2$；以熔焊焊接的保护联结导体宜为圆钢，直径不应小于 6mm，其搭接长度应为圆钢直径的 6 倍。

　　★检验方法：施工时观察检查并查阅隐蔽工程检查记录。

　　(2) 钢导管不得采用对口熔焊连接；镀锌钢导管或壁厚小于或等于 2mm 的钢导管，不得采用套管熔焊连接。

　　★检验方法：施工时观察检查。

　　(3) 当塑料导管在砌体上剔槽埋设（图 11-12）时，应采用强度等级不小于 M10 的水泥砂浆抹面保护，保护层厚度不应小于 15mm。

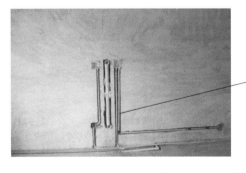

　　★检验方法：观察检查并用尺量检查，查阅隐蔽工程检查记录。

图 11-12　塑料导管在砌体上剔槽埋设

　　(4) 导管穿越密闭或防护密闭隔墙时，应设置预埋套管（图 11-13），预埋套管的制作和安装应符合设计要求，套管两端伸出墙面的长度宜为 30～50mm，导管穿越密闭穿墙套管的两侧应设置过线盒，并应做好封堵。

★检验方法：观察检查，查阅隐蔽工程检查记录。

图 11-13 预埋套管安装

（5）导管的弯曲半径应符合下列规定：

① 明配导管的弯曲半径不宜小于管外径的 6 倍，当两个接线盒间只有一个弯曲时，其弯曲半径不宜小于管外径的 4 倍；

② 埋设于混凝土内的导管的弯曲半径不宜小于管外径的 6 倍，当直埋于地下时，其弯曲半径不宜小于管外径的 10 倍。

★检验方法：观察检查并用尺量检查，查阅隐蔽工程检查记录。

（6）导管支架安装应符合下列规定：

① 除设计要求外，承力建筑钢结构构件上不得熔焊导管支架，且不得热加工开孔；

② 当导管采用金属吊架固定时，圆钢直径不得小于 8mm，并应设置防晃支架，在距离盒（箱）、分支处或端部 0.3～0.5m 处应设置固定支架；

③ 金属支架应进行防腐处理，位于室外及潮湿场所的应按设计要求做处理；

④ 导管支架应安装牢固、无明显扭曲。

★检验方法：观察检查并用尺量检查。

（7）除设计要求外，对于暗配的导管，导管表面埋设深度与建筑物、构筑物表面的距离不应小于 15mm。

扫码看视频

导管支、吊架安装

★检验方法：观察检查并用尺量检查。

（8）进入配电（控制）柜、台、箱内的导管管口，当箱底无封板时，管口应高出柜、台、箱、盘的基础面 50～80mm。

★检验方法：观察检查并用尺量检查，查阅隐蔽工程检查记录。

（9）室外导管敷设（图 11-14）应符合下列规定：

① 对于埋地敷设的钢导管，埋设深度应符合设计要求，钢导管的壁厚应大于 2mm；

图 11-14 室外导管敷设

② 导管的管口不应敞口垂直向上，导管管口应在盒、箱内或导管端部设置防水弯；

③ 由箱式变电所或落地式配电箱引向建筑物的导管，建筑物一侧的导管管口应设在建筑物内；

④ 导管的管口在穿入绝缘导线、电缆后应做密封处理。

★检验方法：观察检查并用尺量检查，查阅隐蔽工程检查记录。

（10）明配的电气导管应符合下列规定：

① 导管应排列整齐、固定点间距均匀、安装牢固；

② 在距终端、弯头中点或柜、台、箱、盘等边缘150～500mm范围内应设有固定管卡，中间直线段固定管卡间的最大距离应符合表11-2的规定；

表11-2　管卡间的最大距离

敷设方式	导管种类	导管直径/mm			
		15～20	25～32	40～50	65以上
		管卡间最大距离/m			
支架或沿墙明敷	壁厚>2mm的刚性钢导管	1.5	2.0	2.5	3.5
	壁厚≤2mm的刚性钢导管	1.0	1.5	2.0	—
	刚性塑料导管	1.0	1.5	2.0	2.0

③ 明配管采用的接线或过渡盒（箱）应选用明装盒（箱）。

★检验方法：观察检查并用尺量检查。

（11）塑料导管敷设应符合下列规定：

① 管口应平整光滑，管与管、管与盒（箱）等器件采用插入法连接（图11-15）时，连接处结合面应涂专用胶合剂，接口应牢固密封；

② 直埋于地下或楼板内的刚性塑料导管，在穿出地面或楼板易受机械损伤的一段应采取保护措施；

③ 当设计无要求时，埋设在墙内或混凝土内的塑料导管应采用中型及以上的导管；

④ 沿建筑物、构筑物表面和在支架上敷设的刚性塑料导管，应按设计要求装设温度补偿装置。

★检验方法：观察检查和手感检查，查阅隐蔽工程检查记录，核查材料合格证明文件和材料进场验收记录。

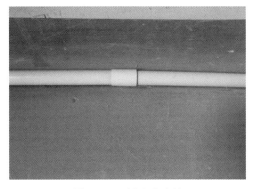

图11-15　插入法连接

五、电缆敷设

1. 施工现场图

电缆敷设施工现场如图11-16所示。

2. 重点项目质量验收

（1）金属电缆支架（图11-17）必须与保护导体可靠连接。

（2）电缆敷设不得存在绞拧、铠装压扁、护层断裂和表面严重划伤等缺陷。

★检验方法：观察检查。

（3）当电缆敷设存在可能受到机械外力损伤、振动、浸水及腐蚀性或污染物质等损害时，应采取防护措施。

★检验方法：观察检查。

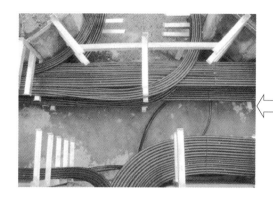

一般项目质量验收
（1）直埋电缆的上、下应有细砂或软土，回填土应无石块、砖头等尖锐硬物。
★检验方法：施工中观察检查并查阅隐蔽工程检查记录。
（2）电缆的首端、末端和分支处应设标志牌，直埋电缆应设示桩。
★检验方法：观察检查。

图 11-16　电缆敷设施工现场

★检验方法：观察检查并查阅隐蔽工程检查记录。

图 11-17　电缆支架安装施工

（4）交流单芯电缆或分相后的每相电缆不得单根独穿于钢导管内，固定用的夹具和支架不应形成闭合磁路。

★检验方法：核对设计图观察检查。

（5）当电缆穿过零序电流互感器时，电缆金属护层和接地线应对地绝缘。对穿过零序电流互感器后制作的电缆头，其电缆接地线应回穿互感器后接地；对尚未穿过零序电流互感器的电缆接地线应在零序电流互感器前直接接地。

★检验方法：观察检查。

（6）电缆的敷设和排列布置应符合设计要求，矿物绝缘电缆敷设在温度变化大的场所、振动场所或穿越建筑物变形缝时应采取"S"或"Ω"弯。

★检验方法：观察检查。

（7）电缆支架安装应符合下列规定：

① 除设计要求外，承力建筑钢结构构件上不得熔焊支架，且不得热加工开孔；

② 当设计无要求时，电缆支架层间最小距离不应小于表 11-3 的规定，层间净距不应小于 2 倍电缆外径加 10mm，35kV 电缆不应小于 2 倍电缆外径加 50mm；

③ 最上层电缆支架距构筑物顶板或梁底的最小净距应满足电缆引接至上方配电柜、台、箱、盘时电缆弯曲半径的要求，且不宜小于表 11-3 所列数再加 80～150mm；距其他设备的最小净距不应小于 300mm，当无法满足要求时应设置防护板。

表 11-3　电缆支架层间最小距离　　　　　　　　　单位：mm

电缆种类		支架上敷设	梯架、托盘内敷设
控制电缆明敷		120	200
电力电缆明敷	10kV 及以下电力电缆（除 6kV～10kV 交联聚乙烯绝缘电力电缆）	150	250
	6kV～10kV 交联聚乙烯绝缘电力电缆	200	300
	35kV 单芯电力电缆	250	300
	35kV 三芯电力电缆	300	350
电缆敷设在槽盒内		$h+100$	

注：h 为槽盒高度（mm）。

④ 当设计无要求时，最下层电缆支架距沟底、地面的最小净距不应小于表 11-4 的规定。

表 11-4　最下层电缆支架距沟底、地面的最小净距

电缆敷设场所及其特征		垂直净距/mm
电缆沟		50
隧道		100
电缆夹层	非通道处	200
	至少在一侧不小于 800mm 宽通道处	1400
公共廊道中电缆支架无围栏防护		1500
室内机房或活动区间		2000
室外	无车辆通过	2500
	有车辆通过	4500
屋面		200

⑤ 当支架与预埋件焊接固定时，焊缝应饱满；当采用膨胀螺栓固定时，螺栓应适配、连接紧固、防松零件齐全，支架安装应牢固、无明显扭曲。

⑥ 金属支架应进行防腐处理，位于室外及潮湿场所的应按设计要求做处理。

★检验方法：观察检查，并用尺量检查。

（8）电缆敷设应符合下列规定：

① 电缆的敷设排列应顺直、整齐，并宜少交叉；

② 在电缆沟或电气竖井内垂直敷设或大于 45°倾斜敷设的电缆应在每个支架上固定；

③ 在梯架、托盘或槽盒内大于 45°倾斜敷设的电缆应每隔 2m 固定，水平敷设的电缆，首尾两端、转弯两侧及每隔 5～10m 处应设固定点；

④ 当设计无要求时，电缆支持点间距不应大于表 11-5 的规定；

表 11-5　电缆支持点间距　　　　　　　　　单位：mm

电缆种类		电缆外径	敷设方式	
			水平	垂直
电力电缆	全塑型	—	400	1000
	除全塑型外的中低压电缆		800	1500
	35kV 高压电缆		1500	2000
	铝合金带联锁铠装的铝合金电缆		1800	1800
控制电缆			800	1000

续表

电缆种类	电缆外径	敷设方式	
		水平	垂直
矿物绝缘电缆	<9	600	800
	≥9,且<15	900	1200
	≥15,且<20	1500	2000
	≥20	2000	2500

⑤ 无挤塑外护层电缆金属护套与金属支（吊）架直接接触的部位应采取防电化腐蚀的措施；

⑥ 电缆出入电缆沟，电气竖井，建筑物，配电（控制）柜、台、箱处以及管子管口处等部位应采取防火或密封措施；

⑦ 电缆出入电缆梯架、托盘、槽盒及配电（控制）柜、台、箱、盘处应做固定；

⑧ 当电缆通过墙、楼板或室外敷设穿导管保护时，导管的内径不应小于电缆外径的 1.5 倍。

★检验方法：观察检查并用尺量检查，查阅电缆敷设记录。

六、导管内穿线和槽盒内敷设

1. 施工现场图

导管内穿线施工现场如图 11-18 所示。

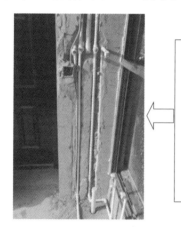

一般项目质量验收
（1）除塑料护套线外，绝缘导线应采取导管或槽盒保护，不可外露明敷。
★检验方法：观察检查。
（2）绝缘导线穿管前，应清除管内杂物和积水，绝缘导线穿入导管的管口在穿线前应装设护线口。
★检验方法：施工中观察检查。
（3）当采用多相供电时，同一建(构)筑物的绝缘导线绝缘层颜色应一致。
★检验方法：观察检查。

图 11-18　导管内穿线施工现场

2. 重点项目质量验收

（1）同一交流回路的绝缘导线不应敷设于不同的金属槽盒内或穿于不同金属导管内。

★检验方法：观察检查。

（2）除设计要求以外，不同回路、不同电压等级和交流与直流线路的绝缘导线不应穿于同一导管内。

★检验方法：观察检查。

（3）绝缘导线接头应设置在专用接线盒（箱）或器具内，不得设置在导管和槽盒内，盒（箱）的设置位置应便于检修。

★检验方法：观察检查并用尺量检查。

（4）与槽盒连接的接线盒（箱）应选用明装盒（箱）；配线工程完成后，盒（箱）盖板应齐全、完好。

★检验方法：观察检查。

（5）槽盒内敷线（图 11-19）应符合下列规定：

① 同一槽盒内不宜同时敷设绝缘导线和电缆；

② 同一路径无防干扰要求的线路，可敷设于槽盒内；槽盒内的绝缘导线总截面积（包括外护套）不应超过槽盒内截面积的 40％，且载流导体不宜超过 30 根；

③ 当控制和信号等非电力线路敷设于同一槽盒内时，绝缘导线的总截面积不应超过槽盒内截面积的 50％；

④ 分支接头处绝缘导线的总截面面积（包括外护层）不应大于该点盒（箱）内截面面积的 75％；

图 11-19 槽盒内敷线施工

⑤ 绝缘导线在槽盒内应留有一定余量，并按回路分段绑扎，绑扎点间距不应大于 1.5m；当垂直或大于 45°倾斜敷设时，应将绝缘导线分段固定在槽盒内的专用部件上，每段至少应有一个间定点；当直线段长度大于 3.2m 时，其固定点间距不应大于 1.6m；槽盒内导线排列应整齐、有序；

⑥ 敷线完成后，槽盒盖板应复位，盖板应齐全、平整、牢固。

★检验方法：观察检查并用尺量检查。

七、塑料护套线直敷布线

1. 施工现场图

塑料护套线直敷布线施工现场如图 11-20 所示。

一般项目质量验收
　（1）多根塑料护套线平行敷设的间距应一致，分支和弯头处应整齐，弯头应一致。
　★检验方法：观察检查。
　（2）塑料护套线进入盒（箱）或与设备、器具连接，其护套层应进入盒（箱）或设备、器具内，护套层与盒（箱）入口处应密封。
　★检验方法：观察检查。

图 11-20 塑料护套线直敷布线

2. 重点项目质量验收

（1）塑料护套线严禁直接敷设在建筑物顶棚内、墙体内、抹灰层内、保温层内或装饰面内。

★检验方法：施工中观察检查。

（2）塑料护套线与保护导体或不发热管道等紧贴和交叉处及穿梁、墙、楼板处等易受机械损伤的部位，应采取保护措施。

★检验方法：观察检查。

（3）塑料护套线在室内沿建筑物表面水平敷设高度距地面不应小于 2.5m，垂直敷设时距地面高度 1.8m 以下的部分应采取保护措施。

★检验方法：观察检查并用尺量检查。

（4）当塑料护套线侧弯或平弯时，其弯曲处护套和导线绝缘层均应完整无损伤，侧弯和平弯弯曲半径应分别不小于护套线宽度和厚度的 3 倍。

★检验方法：尺量检查、观察检查。

（5）塑料护套线的固定应符合下列规定：

① 固定应顺直、不松弛、不扭绞；

② 护套线应采用线卡固定，固定点间距应均匀、不松动，固定点间距宜为 150～200mm；

③ 在终端、转弯和进入盒（箱）、设备或器具等处，均应装设线卡固定，线卡距终端、转弯中点、盒（箱）、设备或器具边缘的距离宜为 50～100mm；

④ 塑料护套线的接头应设在明装盒（箱）或器具内，多尘场所应采用 IP5X 等级的密闭式盒（箱），潮湿场所应采用 IPX5 等级的密闭式盒（箱），盒（箱）的配件应齐全，固定应可靠。

★检验方法：观察检查。

八、钢索配线

1. 施工现场图

钢索配线施工现场如图 11-21 所示。

一般项目质量验收
（1）钢索中间吊架间距不应大于12m，吊架与钢索连接处的吊钩深度不应小于20mm，并应设有防止钢索跳出的锁定零件。
★检验方法：观察检查并用尺量检查。
（2）绝缘导线和灯具在钢索上安装后，钢索应承受全部负载，且钢索表面应整洁、无锈蚀。
★检验方法：观察检查。

图 11-21 钢索配线施工现场

2. 重点项目质量验收

（1）钢索配线应采用镀锌钢索，不应采用含油芯的钢索。钢索的钢丝直径应小于 0.5mm，钢索不应有扭曲和断股等缺陷。

★检验方法：尺量检查、观察检查，查验材料证明文件及材料进场验收记录。

（2）钢索与终端拉环套接应采用心形环，固定钢索的线卡不应少于 2 个，钢索端头应用镀锌铁线绑扎紧密，且应与保护导体可靠连接。

★检验方法：施工中观察检查并查阅隐蔽工程检查记录。

（3）钢索终端拉环埋件应牢固可靠，并应能承受在钢索全部负荷下的拉力，在挂索前应对拉环做过载试验，过载试验的拉力应为设计承载拉力的 3.5 倍。

★检验方法：试验时观察检查并查阅过载试验记录。

（4）当钢索长度小于或等于 50m 时，应在钢索一端装设索具螺旋扣紧固；当钢索长度大于 50m 时，应在钢索两端装设索具螺旋扣紧固。

★检验方法：观察检查。

（5）钢索配线的支持件之间及支持件与灯头盒之间最大距离应符合表 11-6 的规定。

★检验方法：观察检查。

表 11-6　钢索配线的支持件之间及支持件与灯头盒之间最大距离　　单位：mm

配线类别	支持件之间最大距离	支持件与灯头盒之间最大距离
钢管	1500	200
塑料导管	1000	150
塑料护套线	200	100

九、电缆头制作、导线连接和线路绝缘测试

1. 施工现场图

电缆头制作施工现场如图 11-22 所示。

一般项目质量验收
（1）电缆头应可靠固定，不应使电器元器件或设备端子承受额外应力。
★检验方法：观察检查。
（2）当接线端子规格与电气器具规格不配套时，不应采取降容的转接措施。
★检验方法：观察检查。

图 11-22　电缆头制作施工现场

2. 重点项目质量验收

（1）低压或特低电压配电线路线间和线对地间的绝缘电阻测试电压及绝缘电阻值不应小于表 11-7 的规定，矿物绝缘电缆线间和线对地间的绝缘电阻应符合国家现行有关产品标准的规定。

表 11-7　低压或特低电压配电线路绝缘电阻测试电压及绝缘电阻最小值

标称回路电压/V	直流测试电压/V	绝缘电阻/MΩ
SELV 和 PELV	250	0.5
500V 及以下，包括 FELV	500	0.5
500V 以上	1000	1.0

★检验方法：用绝缘电阻测试仪测试并查阅绝缘电阻测试记录。

（2）电力电缆的铜屏蔽层和铠装护套及矿物绝缘电缆的金属护套和金属配件应采用铜绞线或镀锡铜编织线与保护导体做连接，其连接导体的截面积不应小于表 11-8 的规定。当铜屏蔽层和铠装护套及矿物绝缘电缆的金属护套和金属配件作保护导体时，其连接导体的截面

积应符合设计要求。

表 11-8　电缆终端保护连接导体的截面　　　　　　　单位：mm^2

电缆相导线截面积	保护连接导体截面积
≤16	与电缆导体截面相同
>16,且≤120	16
≥150	25

★检验方法：观察检查。

（3）导线与设备或器具的连接应符合下列规定：

① 截面积在 $10mm^2$ 及以下的单股铜芯线和单股铝/铝合金芯线可直接与设备或器具的端子连接；

② 截面积在 $2.5mm^2$ 及以下的多芯铜芯线应接续端子或拧紧搪锡后再与设备或器具的端子连接；

③ 截面积大于 $2.5mm^2$ 的多芯铜芯线，除设备自带插接式端子外，应接续端子后与设备或器具的端子连接；多芯铜芯线与插接式端子连接前，端部应拧紧搪锡；

④ 多芯铝芯线应接续端子后与设备、器具的端子连接，多芯铝芯线接续端子前应去除氧化层并涂抗氧化剂，连接完成后应清洁干净；

⑤ 每个设备或器具的端子接线不多于 2 根导线或 2 个导线端子。

★检验方法：观察检查。

（4）截面积在 $6mm^2$ 及以下铜芯导线间的连接应采用导线连接器或缠绕搪锡连接，并应符合下列规定：

① 导线连接器应与导线截面相匹配；

② 单芯导线与多芯软导线连接时，多芯软导线宜做搪锡处理；

③ 与导线连接后不应明露线芯；

④ 采用机械压紧方式制作导线接头时，应使用确保压接力的专用工具；

⑤ 多尘场所的导线连接选用 IP5X 及以上的防护等级连接器；潮湿场所的导线连接应选用 IPX5 及以上的防护等级连接器；

⑥ 导线采用缠绕搪锡连接时，连接头缠绕搪锡后应采取可靠绝缘措施。

★检验方法：观察检查。

（5）铝/铝合金电缆头及端子压接应符合下列规定：

① 铝/铝合金电缆的联锁铠装不应作为保护接地导体（PE）使用，联锁铠装应与保护接地导体（PE）连接；

② 线芯压接面应去除氧化层并涂抗氧化剂，压接完成后应清洁表面；

③ 线芯压接工具及模具应与附件相匹配。

★检验方法：观察检查。

（6）绝缘导线、电缆的线芯连接金具（连接管和端子），其规格应与线芯的规格适配，且不得采用开口端子，其性能应符合国家现行有关产品标准的规定。

★检验方法：观察检查，并查验材料合格证明文件和材料进场验收记录。

十、普通灯具安装

1. 施工现场图

普通灯具安装如图 11-23 所示。

一般项目质量验收
（1）引向单个灯具的绝缘导线截面积应与灯具功率相匹配，绝缘铜芯导线的线芯截面积不应小于1mm²。
★检验方法：观察检查。
（2）灯具表面及其附件的高温部位靠近可燃物时，应采取隔热、散热等防火保护措施。
★检验方法：观察检查。

图 11-23 普通灯具安装施工

2. 重点项目质量验收

（1）灯具固定应符合下列规定：

① 灯具固定应牢固可靠，在砌体和混凝土结构上严禁使用木楔、尼龙塞或塑料塞固定；

② 质量大于 10kg 的灯具，固定装置及悬吊装置应按灯具重量的 5 倍恒定均布载荷做强度试验，且持续时间不得少于 15min。

★检验方法：施工或强度试验时观察检查，查阅灯具固定装置及悬吊装置的载荷强度试验记录。

（2）悬吊式灯具安装（图 11-24）应符合下列规定：

① 带升降器的软线吊灯在吊线展开后，灯具下沿应高于工作台面 0.3m；

② 质量大于 0.5kg 的软线吊灯，灯具的电源线不应受力；

③ 质量大于 3kg 的悬吊灯具，固定在螺栓或预埋吊钩上，螺栓或预埋吊钩的直径不应小于灯具挂销直径，且不应小于 6mm；

图 11-24 悬吊式灯具安装

④ 当采用钢管作灯具吊杆时，其内径不应小于 10mm，壁厚不应小于 1.5mm；

⑤ 灯具与固定装置及灯具连接件之间采用螺纹连接的，螺纹啮合扣数不应少于 5 扣。

★检验方法：观察检查并用尺量检查。

（3）吸顶或墙面上安装的灯具，其固定用的螺栓或螺钉不应少于 2 个，灯具应紧贴饰面。吸顶灯安装施工如图 11-25 所示。

★检验方法：观察检查。

图 11-25 吸顶灯安装施工

（4）由接线盒引至嵌入式灯具或槽灯的绝缘导线应符合下列规定：

① 绝缘导线应采用柔性导管保护，不得裸露，且不应在灯槽内明敷；

② 柔性导管与灯具壳体应采用专用接头连接。

★检验方法：观察检查。

（5）除采用安全电压以外，当设计无要求时，敞开式灯具的灯头对地面距离应大于 2.5m。

★检验方法：观察检查并用尺量检查。

（6）埋地灯安装应符合下列规定：

① 埋地灯的防护等级应符合设计要求；

② 埋地灯的接线盒应采用防护等级为 IPX7 的防水接线盒，盒内绝缘导线接头应做防水绝缘处理。

★检验方法：观察检查，查阅产品进场验收记录及产品质量合格证明文件。

（7）庭院灯、建筑物附属路灯（图 11-26）安装应符合下列规定：

① 灯具与基础固定应可靠，地脚螺栓备帽应齐全；灯具接线盒应采用防护等级不小于 IPX5 的防水接线盒，盒盖防水密封垫应齐全、完整；

② 灯具的电器保护装置应齐全，规格应与灯具适配；

③ 灯杆的检修门应采取防水措施，且闭锁防盗装置完好。

★检验方法：观察检查、工具拧紧及用手感检查，查阅产品进场验收记录及产品质量合格证明文件。

（8）安装在公共场所的大型灯具的玻璃罩，应采取防止玻璃罩向下溅落的措施。

★检验方法：观察检查。

（9）LED 灯具安装应符合下列规定：

① 灯具安装应牢固可靠，饰面不应使用胶类粘贴；

② 灯具安装位置应有较好的散热条件，且不宜安装在潮湿场所；

图 11-26　路灯安装

③ 灯具用的金属防水接头密封圈应齐全、完好；

④ 灯具的驱动电源、电子控制装置室外安装时，应置于金属箱（盒）内；金属箱（盒）的 IP 防护等级和散热应符合设计要求，驱动电源的极性标记应清晰、完整；

⑤ 室外灯具配线管路应按明配管敷设，且应具备防雨功能，IP 防护等级应符合设计要求。

★检验方法：观察检查，查阅产品进场验收记录及产品质量合格证明文件。

（10）灯具的外形、灯头（图 11-27）及其接线应符合下列规定：

① 灯具及其配件应齐全，不应有机械损伤、变形、涂层剥落和灯罩破裂等缺陷；

② 软线吊灯的软线两端应做保护扣，两端线芯应搪锡；当装升降器时，应采用安全灯头；

图 11-27　灯头安装

③ 除敞开式灯具外，其他各类容量在 100W 及以上的灯具，引入线应采用瓷管、矿棉等不燃材料作隔热保护；

④ 连接灯具的软线应盘扣、搪锡压线，当采用螺口灯头时，相线应接于螺口灯头中间的端子上；

⑤ 灯座的绝缘外壳不应破损和漏电；带有开关的灯座，开关手柄应无裸露的金属部分。

★检验方法：观察检查。

(11) 高低压配电设备、裸母线及电梯曳引机的正上方不应安装灯具。

★检验方法：观察检查。

十一、专用灯具安装

1. 施工现场图

应急灯安装施工现场如图 11-28 所示。

> **一般项目质量验收**
> 当应急电源或镇流器与灯具分离安装时，应固定可靠，应急电源或镇流器与灯具本体之间的连接绝缘导线应用金属柔性导管保护，导线不得外露。
> ★检验方法：观察检查和手感检查。

图 11-28 应急灯安装施工现场

2. 重点项目质量验收

(1) 手术台无影灯安装：固定灯座的螺栓数量不应少于灯具法兰底座上的固定孔数，且螺栓直径应与底座孔径相适配，螺栓应采用双螺母锁固。

★检验方法：施工或强度试验时观察检查，查阅灯具固定装置的载荷强度试验记录。

(2) 应急灯具安装应符合下列规定：

① 消防应急照明回路的设置除应符合设计要求外，尚应符合防火分区设置的要求，穿越不同防火分区时应采取防火隔堵措施；

② 对于应急灯具、运行中温度大于 60℃ 的灯具，当靠近可燃物时，应采取隔热、散热等防火措施；

③ EPS 供电的应急灯具安装完毕后，应检验 EPS 供电运行的最少持续供电时间，并应符合设计要求；

④ 安全出口指示标志灯（图 11-29）设置应符合设计要求；

⑤ 疏散指示标志灯安装高度及设置部位应符合设计要求；

⑥ 疏散指示标志灯的设置不应影响正常通行，且不应在其周围设置容易混同疏散指示标志灯的其他标志牌等；

⑦ 疏散指示标志灯工作应正常，并应符合设计要求；

⑧ 消防应急照明线路在非燃烧体内穿钢导管暗敷时，暗敷钢导管保护层厚度不应小

图 11-29　安全出口指示标志灯

于 30mm。

★检验方法：观察检查，尺量检查、查阅隐蔽工程检查记录。

（3）霓虹灯安装应符合下列规定：

① 霓虹灯管应完好、无破裂；

② 灯管应采用专用的绝缘支架固定，且牢固可靠；灯管固定后，与建（构）筑物表面的距离不宜小于 20mm；

③ 霓虹灯专用变压器应为双绕组式，所供灯管长度不应大于允许负载长度，露天安装的应采取防雨措施；

④ 霓虹灯专用变压器的二次侧和灯管间的连接线应采用额定电压大于 15kV 的高压绝缘导线，导线连接应牢固，防护措施应完好；高压绝缘导线与附着物表面的距离不应小于 20mm。

★检验方法：观察检查并用尺量和手感检查。

（4）高压钠灯、金属卤化物灯（图 11-30）安装应符合下列规定：

① 光源及附件应与镇流器、触发器和限流器配套使用，触发器与灯具本体的距离应符合产品技术文件的要求；

② 电源线应经接线柱连接，不应使电源线靠近灯具表面。

★检验方法：观察检查并用尺量检查，核对产品技术文件。

（5）景观照明灯具安装应符合下列规定：

① 在人行道等人员来往密集场所安装的落地式灯具，当无围栏防护时，灯具距地面高度应大于 2.5m；

② 金属构架及金属保护管应分别与保护导体采用焊接或螺栓连接，连接处应设置接地标识。

★检验方法：观察检查并用尺量检查，查阅隐蔽工程检查记录。

图 11-30　金属卤化物灯

（6）航空障碍标志灯安装应符合下列规定：

① 灯具安装应牢固可靠，且应有维修和更换光源的措施；

② 当灯具在烟囱顶上装设时，应安装在低于烟囱口 1.5～3m 的部位且应呈正三角形水平排列；

③ 对于安装在屋面接闪器保护范围以外的灯具，当需设置接闪器时，其接闪器应与屋面接闪器可靠连接。

★检验方法：观察检查，查阅隐蔽工程检查记录。

（7）太阳能灯具安装应符合下列规定：

① 太阳能灯具与基础固定应可靠，地脚螺栓有防松措施，灯具接线盒盖的防水密封垫应齐全、完整；

② 灯具表面应平整光洁、色泽均匀，不应有明显的裂纹、划痕、缺损、锈蚀及变形等缺陷。

★检验方法：观察检查和手感检查。

（8）洁净场所灯具嵌入安装时，灯具与顶棚之间的间隙应用密封胶条和衬垫密封，密封胶条和衬垫应平整，不得扭曲、折叠。

★检验方法：观察检查。

十二、开关、插座安装

1. 施工现场图

插座安装施工现场如图 11-31 所示。

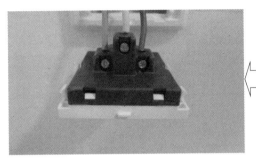

> **一般项目质量验收**
> 　　插座安装应符合下列规定。
> 　　（1）插座安装高度应符合设计要求，同一室内相同规格并列安装的插座高度宜一致。
> 　　（2）地面插座应紧贴饰面，盖板应固定牢固、密封良好。
> 　　★检验方法：观察检查并用尺量和手感检查。

图 11-31　插座安装施工现场

2. 重点项目质量验收

（1）插座接线（图 11-32）应符合下列规定：

① 对于单相两孔插座，面对插座的右孔或上孔应与相线连接，左孔或下孔应与中性导体（N）连接；对于单相三孔插座，面对插座的右孔应与相线连接，左孔应与中性导体（N）连接；

② 单相三孔、三相四孔及三相五孔插座的保护接地导体（PE）应接在上孔；插座的保护接地导体端子不得与中性导体端子连接；同一场所的三相插座，其接线的相序应一致；

③ 保护接地导体（PE）在插座之间不得串联连接；

④ 相线与中性导体（N）不应利用插座本体的接线端子转接供电。

★检验方法：观察检查并用专用测试工具检查。

（2）照明开关安装（图 11-33）应符合下列规定：

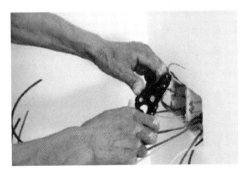

图 11-32　插座接线施工

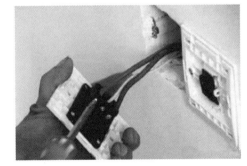

图 11-33　照明开关安装

① 同一建（构）筑物的开关宜采用同一系列的产品，单控开关的通断位置应一致，且应操作灵活、接触可靠；

② 相线应经开关控制；

③ 紫外线杀菌灯的开关应有明显标识，并应与普通照明开关的位置分开。

★检验方法：观察检查、用电笔测试检查和手动开启开关检查。

（3）温控器接线应正确，显示屏指示应正常，安装标高应符合设计要求。

★检验方法：观察检查。

（4）暗装的插座盒或开关盒应与饰面平齐，盒内干净整洁，无锈蚀，绝缘导线不得裸露在装饰层内；面板应紧贴饰面、四周无缝隙、安装牢固，表面光滑、无碎裂、划伤，装饰帽（板）齐全。

★检验方法：观察检查和手感检查。

第二节 建筑物防雷分项工程

一、接地装置安装

1. 施工现场图

接地装置安装施工现场如图 11-34 所示。

一般项目质量验收
（1）接地装置在地面以上的部分，应按设计要求设置测试点，测试点不应被外墙饰面遮蔽，且应有明显标识。
★检验方法：观察检查。
（2）接地装置的接地电阻值应符合设计要求。
★检验方法：用接地电阻测试仪测试，并查阅接地电阻测试记录。

图 11-34　接地装置安装施工现场

2. 重点项目质量验收

（1）接地装置的焊接（图 11-35）应采用搭接焊，除埋设在混凝土中的焊接接头外，应采取防腐措施，焊接搭接长度应符合下列规定：

① 扁钢与扁钢搭接不应小于扁钢宽度的 2 倍，且应至少三面施焊；

② 圆钢与圆钢搭接不应小于圆钢直径的 6 倍，且应双面施焊；

③ 圆钢与扁钢搭接不应小于圆钢直径的 6 倍，且应双面施焊；

④ 扁钢与钢管，扁钢与角钢焊接，应紧贴角钢外侧两面，或紧贴 3/4 钢管表面，上下两侧施焊。

图 11-35　接地装置现场焊接

★检验方法：施工中观察检查并用尺量检查，查阅相关隐蔽工程检查记录。

（2）当接地极为铜材或钢材组成，且铜与铜或铜与钢材连接采用热剂焊时，接头应无贯穿性的气孔且表面平滑。

★检验方法：观察检查并查阅施工记录。

二、变配电室及电气竖井内接地干线敷设

1. 施工现场图

变配电室节点干线施工现场如图 11-36 所示。

一般项目质量验收
　　(1) 接地干线跨越建筑物变形缝时，应采取补偿措施。
　　★检验方法：观察检查。
　　(2) 对于接地干线的焊接接头，除埋入混凝土内的接头外，其余均应做防腐处理，且无遗漏。
　　★检验方法：施工中观察检查，并查阅施工记录。

图 11-36　变配电室节点干线施工现场

2. 重点项目质量验收

(1) 接地干线应与接地装置可靠连接。

★检验方法：观察检查。

(2) 接地干线的材料型号、规格应符合设计要求。

★检验方法：观察检查，查阅材料进场验收记录和隐蔽工程检查记录。

(3) 明敷的室内接地干线支持件应固定可靠，支持件间距应均匀，扁形导体支持件固定间距宜为 500mm；圆形导体支持件固定间距宜为 1000mm；弯曲部分宜为 0.3～0.5m。

★检验方法：观察检查并用尺量和手感检查。

(4) 接地干线作穿越墙壁、楼板和地坪处应加套钢管或其他坚固的保护套管，钢套管应与接地干线做电气连通，接地干线敷设完成后保护套管管口应封堵。

★检验方法：观察检查。

(5) 室内明敷接地干线安装应符合下列规定：

① 敷设位置应便于检查，不应妨碍设备的拆卸、检修和运行巡视，安装高度应符合设计要求；

② 当沿建筑物墙壁水平敷设时，与建筑物墙壁间的间隙宜为 10～20mm；

③ 接地干线全长度或区间段及每个连接部位附近的表面，应涂以 15～100mm 宽度相等的黄色和绿色相间的条纹标识；

④ 变压器室、高压配电室、发电机房的接地干线上应设置不少于 2 个供临时接地用的接线柱或接地螺栓。

★检验方法：观察检查，并用尺量检查。

三、防雷引下线及接闪器安装

1. 施工现场图

防雷引下线安装施工现场如图 11-37 所示。

2. 重点项目质量验收

(1) 接闪器的布置、规格及数量应符合设计要求。

一般项目质量验收
　　防雷引下线的布置、安装数量和连接方式应符合设计要求。
　　★检验方法：明敷的观察检查，暗敷的施工中观察检查并查阅隐蔽工程检查记录。

图 11-37　主筋做防雷引下线施工现场

★检验方法：观察检查并用尺量检查，核对设计文件。

（2）接闪器与防雷引下线必须采用焊接或卡接器连接，防雷引下线与接地装置必须采用焊接或螺栓连接。

★检验方法：观察检查，并采用专用工具拧紧检查。

（3）当利用建筑物金属屋面或屋顶上旗杆、栏杆、装饰物、铁塔、女儿墙上的盖板等永久性金属物做接闪器时，其材质及截面应符合设计要求，建筑物金属屋面板间的连接、永久性金属物各部件之间的连接应可靠、持久。

★检验方法：观察检查，核查材质产品质量证明文件和材料进场验收记录，并核对设计文件。

（4）暗敷在建筑物抹灰层内的引下线应有卡钉分段固定；明敷的引下线应平直、无急弯，并应设置专用支架固定，引下线焊接处应刷油漆防腐且无遗漏。

★检验方法：明敷的观察检查，暗敷的施工中观察检查并查阅隐蔽工程检查记录。

（5）设计要求接地的幕墙金属框架和建筑物的金属门窗，应就近与防雷引下线连接可靠，连接处不同金属间应采取防电化学腐蚀措施。

★检验方法：施工中观察检查并查阅隐蔽工程检查记录。

（6）接闪杆、接闪线或接闪带安装位置应正确，安装方式应符合设计要求，焊接固定的焊缝应饱满无遗漏，螺栓固定的应防松零件齐全，焊接连接处应防腐完好。

★检验方法：观察检查。

（7）接闪线和接闪带安装应符合下列规定：

① 安装应平正顺直、无急弯，其固定支架应间距均匀、固定牢固；

② 当设计无要求时，固定支架高度不宜小于 150mm，间距应符合表 11-9 的规定；

③ 每个固定支架应能承受 49N 的垂直拉力。

★检验方法：观察检查并用尺量、用测力计测量支架的垂直受力值。

表 11-9　明敷引下线及接闪导体固定支架的间距　　　　　　　　单位：mm

布置方式	扁形导体固定支架间距	圆形导体固定支架间距
安装于水平面上的水平导体	500	1000
安装于垂直面上的水平导体		
安装于高于 20m 以上垂直面上的垂直导体		
安装于地面至 20m 以下垂直面上的垂直导体	1000	1000

四、建筑物等电位联结

1. 施工现场图

等电位箱安装施工现场如图 11-38 所示。

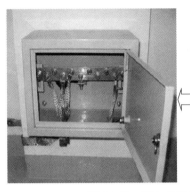

一般项目质量验收

建筑物等电位联结的范围、形式、方法、部位及联结导体的材料和截面积应符合设计要求。

★检验方法：施工中核对设计文件观察检查并查阅隐蔽工程检查记录，核查产品质量证明文件、材料进场验收记录。

图 11-38　等电位箱安装施工现场

2. 重点项目质量验收

（1）需做等电位联结的外露可导电部分或外界可导电部分的连接应可靠。

★检验方法：观察检查。

（2）需做等电位联结的卫生间内金属部件或零件的外界可导电部分，应设置专用接线螺栓与等电位联结导体连接，并应设置标识；连接处螺帽应紧固、防松零件应齐全。

★检验方法：观察检查和手感检查。

（3）当等电位联结导体在地下暗敷时，其导体间的连接不得采用螺栓压接。

★检验方法：施工中观察检查并查阅隐蔽工程检查记录。

第十二章

通风与空调工程施工质量验收

第一节 通风工程

一、风管与配件

1. 施工现场图

风管安装施工现场如图 12-1 所示。

一般项目质量验收

　复合材料风管的覆面材料必须采用不燃材料，内层的绝热材料应采用不燃或难燃且对人体无害的材料。

★检验方法：查验材料质量合格证明文件、性能检测报告，观察检查与点燃试验。

图 12-1 风管安装施工现场

2. 重点项目质量验收

（1）风管加工质量应通过工艺性的检测或验证，强度和严密性要求应符合下列规定。

① 风管在试验压力保持 5min 及以上时，接缝处应无开裂，整体结构应无永久性的变形及损伤。试验压力应符合下列规定：

a. 低压风管应为 1.5 倍的工作压力；

b. 中压风管应为 1.2 倍的工作压力，且不低于 750Pa；

c. 高压风管应为 1.2 倍的工作压力。

② 矩形金属风管的严密性检验，在工作压力下的风管允许漏风量应符合表 12-1 的规定。

表 12-1 风管允许漏风量

风管类别	允许漏风量/[$m^3/(h \cdot m^2)$]	风管类别	允许漏风量/[$m^3/(h \cdot m^2)$]
低压风管	$Q_l \leqslant 0.1056P^{0.65}$	高压风管	$Q_h \leqslant 0.0117P^{0.65}$
中压风管	$Q_m \leqslant 0.0352P^{0.65}$		

注：Q_l 为低压风管允许漏风量，Q_m 为中压风管允许漏风量，Q_h 为高压风管允许漏风量，P 为系统风管工作压力（Pa）。

③ 低压、中压圆形金属与复合材料风管，以及采用非法兰形式的非金属风管的允许漏风量，应为矩形金属风管规定值的 50%。

④ 砖、混凝土风道的允许漏风量不应大于矩形金属低压风管规定值的 1.5 倍。

⑤ 排烟、除尘、低温送风及变风量空调系统风管的严密性应符合中压风管的规定，N1～N5 级净化空调系统风管的严密性应符合高压风管的规定。

⑥ 风管系统工作压力绝对值不大于 125Pa 的微压风管，在外观和制造工艺检验合格的基础上，不应进行漏风量的验证测试。

★检验方法：按风管系统的类别和材质分别进行，查阅产品合格证和测试报告，或实测旁站。

（2）防火风管的本体、框架与固定材料、密封垫料等必须采用不燃材料，防火风管的耐火极限时间应符合系统防火设计的规定。

★检验方法：查阅材料质量合格证明文件和性能检测报告，观察检查与点燃试验。

（3）金属风管的制作应符合如下规定。

① 金属风管的材料品种、规格、性能与厚度应符合设计要求。当风管厚度设计无要求时，应按《通风与空调工程施工质量验收规范》（GB 50243—2016）执行。钢板风管板材厚度应符合表 12-2 的规定。镀锌钢板的镀锌层厚度应符合设计或合同的规定，当设计无规定时，不应采用低于 80g/m² 板材；不锈钢板风管板材厚度应符合表 12-3 的规定；铝板风管板材厚度应符合表 12-4 的规定。

表 12-2　钢板风管板材厚度　　　　　　　　　　　　单位：mm

风管直径或长边尺寸 b	板材厚度				
	微压、低压系统风管	中压系统风管		高压系统风管	除尘系统风管
		圆形	矩形		
b≤320	0.5	0.5	0.5	0.75	2.0
320<b≤450	0.5	0.6	0.6	0.75	2.0
450<b≤630	0.6	0.75	0.75	1.0	3.0
630<b≤1000	0.75	0.75	0.75	1.0	4.0
1000<b≤1500	1.0	1.0	1.0	1.2	5.0
1500<b≤2000	1.0	1.2	1.2	1.5	按设计要求
2000<b≤4000	1.2	按设计要求	1.2	按设计要求	按设计要求

表 12-3　不锈钢板风管板材厚度　　　　　　　　　　单位：mm

风管直径或长边尺寸 b	微压、低压、中压	高压
b≤450	0.5	0.75
450<b≤1120	0.75	1.0
1120<b≤2000	1.0	1.2
2000<b≤4000	1.2	按设计要求

表 12-4　铝板风管板材厚度　　　　　　　　　　　　单位：mm

风管直径或长边尺寸 b	微压、低压、中压
b≤320	1.0
320<b≤630	1.5
630<b≤2000	2.0
2000<b≤4000	按设计要求

② 金属风管的连接应符合下列规定：

a. 风管板材拼接的接缝应错开，不得有十字形拼接缝。

b. 金属圆形风管法兰及螺栓规格应符合表 12-5 的规定，金属矩形风管法兰及螺栓规格应符合表 12-6 的规定。微压、低压与中压系统风管法兰的螺栓及铆钉孔的孔距不得大于 150mm；高压系统风管不得大于 100mm。矩形风管法兰的四角部位应设有螺孔。

表 12-5　金属圆形风管法兰及螺栓规格　　　　　　　　　　　单位：mm

风管直径 D	法兰材料规格		螺栓规格
	扁钢	角钢	
$D \leqslant 140$	20×4	—	M6
$140 < D \leqslant 280$	25×4	—	
$280 < D \leqslant 630$	—	25×3	
$630 < D \leqslant 1250$	—	30×4	M8
$1250 < D \leqslant 2000$	—	40×4	

表 12-6　金属矩形风管法兰及螺栓规格　　　　　　　　　　　单位：mm

风管长边尺寸 b	法兰角钢规格	螺栓规格
$b \leqslant 630$	25×3	M6
$630 < b \leqslant 1500$	30×3	M8
$1500 < b \leqslant 2500$	40×4	
$2500 < b \leqslant 4000$	50×5	M10

c. 用于中压及以下压力系统风管的薄钢板法兰矩形风管（图 12-2）的法兰高度，应大于或等于相同金属法兰风管的法兰高度。薄钢板法兰矩形风管不得用于高压风管。

③ 金属风管的加固应符合下列规定：

a. 直咬缝圆形风管（图 12-3）直径大于或等于 800mm，且管段长度大于 1250mm 或总表面积大于 $4m^2$ 时，均应采取加固措施。用于高压系统的螺旋风管，直径大于 2000mm 时应采取加固措施。

图 12-2　薄钢板法兰矩形风管　　　　　　　图 12-3　圆形风管现场加工

b. 矩形风管的边长大于 630mm，或矩形保温风管边长大于 800mm，管段长度大于 1250mm；或低压风管单边平面面积大于 $1.2m^2$，中、高压风管大于 $1.0m^2$，均应有加固措施。

★检验方法：尺量、观察检查。

（4）非金属风管的制作应符合下列规定。

① 非金属风管的材料品种、规格、性能与厚度等应符合设计要求。高压系统非金属风管应符合设计要求。

② 硬聚氯乙烯风管的制作应符合下列规定。

a. 硬聚氯乙烯圆形风管板材厚度应符合表 12-7 的规定，硬聚氯乙烯矩形风管板材厚度应符合表 12-8 的规定。

表 12-7　硬聚氯乙烯圆形风管板材厚度　　　　　　　单位：mm

风管直径 D	板材厚度	
	微压、低压	中压
D≤320	3.0	4.0
320＜D≤800	4.0	6.0
800＜D≤1200	5.0	8.0
1200＜D≤2000	6.0	10.0
D＞2000	按设计要求	

表 12-8　硬聚氯乙烯矩形风管板材厚度　　　　　　　单位：mm

风管长边尺寸 b	板材厚度	
	微压、低压	中压
b≤320	3.0	4.0
320＜b≤500	4.0	5.0
500＜b≤800	5.0	6.0
800＜b≤1250	6.0	8.0
1250＜b≤2000	8.0	10.0

b. 硬聚氯乙烯圆形风管法兰规格应符合表 12-9 的规定，硬聚氯乙烯矩形风管法兰规格应符合表 12-10 的规定。法兰螺孔的间距不得大于 120mm。矩形风管法兰的四角处，应设有螺孔。

表 12-9　硬聚氯乙烯圆形风管法兰规格　　　　　　　单位：mm

风管直径 D	材料规格（宽×厚）	连接螺栓
D≤180	35×6	M6
180＜D≤400	35×8	M8
400＜D≤500	35×10	
500＜D≤800	40×10	
800＜D≤1400	40×12	M10
1400＜D≤1600	50×15	
1600＜D≤2000	60×15	
D＞2000	按设计要求	

表 12-10　硬聚氯乙烯矩形风管法兰规格　　　　　　　单位：mm

风管边长 b	材料规格（宽×厚）	连接螺栓
b≤160	35×6	M6
160＜b≤400	35×8	M8
400＜b≤500	35×10	
500＜b≤800	40×10	
800＜b≤1250	45×12	M10
1250＜b≤1600	50×15	
1600＜b≤2000	60×18	
b＞2000	按设计要求	

c. 当风管的直径或边长大于 500mm 时，风管与法兰的连接处应设加强板，且间距不得大于 450mm。

③ 玻璃钢风管（图 12-4）的制作应符合下列规定。

图 12-4　玻璃钢风管

a. 微压、低压及中压系统有机玻璃钢风管板材的厚度应符合表 12-11 的规定。无机玻璃钢（氯氧镁水泥）风管板材的厚度应符合表 12-12 的规定，且不得采用高碱玻璃纤维布。风管表面不得出现泛卤及严重泛霜。

表 12-11　微压、低压、中压有机玻璃钢风管板材厚度　　　　单位：mm

圆形风管直径 D 或矩形风管长边尺寸 b	壁厚
$D(b) \leqslant 200$	2.5
$200 < D(b) \leqslant 400$	3.2
$400 < D(b) \leqslant 630$	4.0
$630 < D(b) \leqslant 1000$	4.8
$1000 < D(b) \leqslant 2000$	6.2

表 12-12　微压、低压、中压无机玻璃钢风管板材厚度　　　　单位：mm

圆形风管直径 D 或矩形风管长边尺寸 b	壁厚
$D(b) \leqslant 300$	2.5～3.5
$300 < D(b) \leqslant 500$	3.5～4.5
$500 < D(b) \leqslant 1000$	4.5～5.5
$1000 < D(b) \leqslant 1500$	5.5～6.5
$1500 < D(b) \leqslant 2000$	6.5～7.5
$D(b) > 2000$	7.5～8.5

b. 玻璃钢风管法兰的规格应符合相关的规定，螺栓孔的间距不得大于 120mm。矩形风管法兰的四角处应设有螺孔。

c. 当采用套管连接时，套管厚度不得小于风管板材厚度。

d. 玻璃钢风管的加固应为本体材料或防腐性能相同的材料，加固件应与风管成为整体。

④ 砖、混凝土建筑风道的伸缩缝，应符合设计要求，不应有渗水和漏风。

★检验方法：观察检查，尺量，查验材料质量证明书、产品合格证。

（5）复合材料风管（图 12-5）的制作应符合下列规定。

① 复合风管的材料品种、规格、性能与厚度等应符合设计要求。复合板材的内外覆面层粘贴应牢固，表面平整无破损，内部绝热材料不得外露。

② 铝箔复合材料风管的连接、组合应符合下列规定。

a. 采用直接黏结连接的风管，边长不应大于 500mm；采用专用连接件连接的风管，金属专用连接件的厚度不应小于 1.2mm，塑料专用连接件的厚度不应小于 1.5mm。

b. 风管内的转角连接缝，应采取密封措施。

c. 铝箔玻璃纤维复合风管采用压敏铝箔胶带连接时，胶带应粘接在铝箔面上，接缝两边的宽度均应大于 20mm。不得采用铝箔胶带直接与玻璃纤维断面相黏结的方法。

d. 当采用法兰连接时，法兰与风管板材的连接应可靠，绝热层不应外露，不得采用降低板材强度和绝热性能的连接方法。中压风管边长大于 1500mm 时，风管法兰应为金属材料。

★检验方法：尺量，观察检查，查验材料质量证明书、产品合格证。

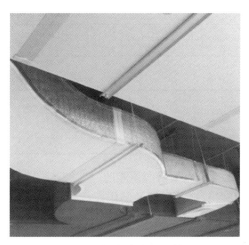

图 12-5　复合材料风管

（6）净化空调系统风管的制作应符合下列规定。

① 风管内表面应平整、光滑，管内不得设有加固框或加固筋。

② 风管不得有横向拼接缝。矩形风管底边宽度小于或等于 900mm 时，底面不得有拼接缝；大于 900mm 且小于或等于 1800mm 时，底面拼接缝不得多于 1 条；大于 1800mm 且小于或等于 2700mm 时，底面拼接缝不得多于 2 条。

③ 风管所用的螺栓、螺母、垫圈和铆钉的材料应与管材性能相适应，不应产生电化学腐蚀。

④ 当空气洁净度等级为 N1 级～N5 级时，风管法兰的螺栓及铆钉孔的间距不应大于 80mm；当空气洁净度等级为 N6 级～N9 级时，不应大于 120mm。不得采用抽芯铆钉。

⑤ 矩形风管不得使用 S 形插条及直角形插条连接。边长大于 1000mm 的净化空调系统风管，无相应的加固措施，不得使用薄钢板法兰弹簧夹连接。

⑥ 空气洁净度等级为 N1 级～N5 级净化空调系统的风管，不得采用按扣式咬口连接。

★检验方法：查阅材料质量合格证明文件和观察检查，白绸布擦拭。

二、风管部件

1. 施工现场图

风口安装施工现场如图 12-6 所示。

扫码看视频

风口安装

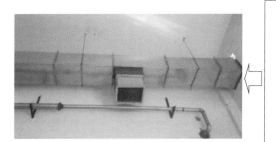

一般项目质量验收
　　风口的制作应符合下列规定。
　　（1）风口的结构应牢固，形状应规则，外表装饰面应平整。
　　（2）风口的叶片或扩散环的分布应匀称。
　　（3）风口各部位的颜色应一致，不应有明显的划伤和压痕。调节机构应转动灵活、定位可靠。
　　（4）风口应以颈部的外径或外边长尺寸为准，风口颈部尺寸应符合表12-13和表12-14的规定。
　　★检验方法：观察检查、手动操作、尺量检查。

图 12-6　风口安装施工现场

表 12-13　圆形风口颈部尺寸允许偏差　　　　　　　　　　　　单位：mm

直径	允许偏差	直径	允许偏差
≤250	−2～0	>250	−3～0

表 12-14　矩形风口颈部尺寸允许偏差　　　　　　　　　　　　单位：mm

大边长	允许偏差	对角线长度	对角线长度之差
<300	−1～0	<300	0～1
300～800	−2～0	300～500	0～2
>800	−3～0	>500	0～3

2. 重点项目质量验收

（1）成品风阀的制作应符合下列规定：

① 风阀应设有开度指示装置，并应能准确反映阀片开度；

② 手动风量调节阀的手轮或手柄应以顺时针方向转动为关闭；

③ 电动、气动调节阀的驱动执行装置，动作应可靠，且在最大工作压力下工作应正常；

④ 净化空调系统的风阀，活动件、固定件以及紧固件均应采取防腐措施，风阀叶片主轴与阀体轴套配合应严密，且应采取密封措施；

⑤ 工作压力大于 1000Pa 的调节风阀，生产厂应提供在 1.5 倍工作压力下能自由开关的强度测试合格的证书或试验报告；

⑥ 密闭阀应能严密关闭，漏风量应符合设计要求。

★检验方法：观察、尺量、手动操作、查阅测试报告。

（2）防爆系统风阀的制作材料应符合设计要求，不得替换。

★检验方法：观察检查、尺量检查、检查材料质量证明文件。

（3）消声器、消声弯管的制作应符合下列规定：

① 消声器的类别、消声性能及空气阻力应符合设计要求和产品技术文件的规定；

② 矩形消声弯管平面边长大于 800mm 时，应设置吸声导流片；

③ 消声器内消声材料的织物覆面层应平整，不应有破损，并应顺气流方向进行搭接；

④ 消声器内的织物覆面层应有保护层，保护层应采用不易锈蚀的材料，不得使用普通铁丝网。当使用穿孔板保护层时，穿孔率应大于 20%；

⑤ 净化空调系统消声器内的覆面材料应采用尼龙布等不易产尘的材料；

⑥ 微穿孔（缝）消声器的孔径或孔缝、穿孔率及板材厚度应符合产品设计要求，综合消声量应符合产品技术文件要求。

★检验方法：观察、尺量、查阅性能检测报告和产品质量合格证。

（4）防排烟系统的柔性短管必须采用不燃材料。

★检验方法：观察检查、检查材料燃烧性能检测报告。

（5）风罩的制作应符合下列规定。

① 风罩的结构应牢固，形状应规则，表面应平整光滑，转角处弧度应均匀，外壳不得有尖锐的边角。

② 与风管连接的法兰应与风管法兰相匹配。

③ 厨房排烟罩下部集水槽应严密不漏水，并应坡向排放口。罩内安装的过滤器应便于拆卸和清洗。

④ 槽边侧吸罩、条缝抽风罩的尺寸应正确，吸口应平整。罩口加强板间距应均匀。

★检验方法：观察检查、手动操作、尺量检查。

（6）风帽的制作应符合下列规定。

① 风帽的结构应牢固，形状应规则，表面应平整。

② 与风管连接的法兰应与风管法兰相匹配。

③ 伞形风帽伞盖的边缘应采取加固措施，各支撑的高度尺寸应一致。

④ 锥形风帽内外锥体的中心应同心，锥体组合的连接缝应顺水，下部排水口应畅通。

⑤ 筒形风帽外筒体的上下沿口应采取加固措施，不圆度不应大于直径的2%。伞盖边缘与外筒体的距离应一致，挡风圈的位置应准确。

⑥ 旋流型屋顶自然通风器的外形应规整，转动应平稳流畅，且不应有碰擦声。

★检验方法：观察检查、手动操作、尺量检查。

（7）柔性短管的制作应符合下列规定。

① 外径或外边长应与风管尺寸相匹配。

② 应采用抗腐、防潮、不透气及不易霉变的柔性材料。

③ 用于净化空调系统的还应是内壁光滑、不易产生尘埃的材料。

④ 柔性短管的长度宜为150～250mm，接缝的缝制或粘接应牢固、可靠，不应有开裂；成型短管应平整，无扭曲等现象。

★检验方法：观察检查、尺量检查。

（8）过滤器的过滤材料与框架连接应紧密牢固，安装方向应正确。

★检验方法：观察检查、手动操作。

（9）风管内电加热器的加热管与外框及管壁的连接应牢固可靠，绝缘良好，金属外壳应与PE线可靠连接。

★检验方法：观察检查、手动操作。

（10）检查门应平整，启闭应灵活，关闭应严密，与风管或空气处理室的连接处应采取密封措施，且不应有渗漏点。净化空调系统风管检查门的密封垫料，应采用成型密封胶带或软橡胶条。

★检验方法：观察检查、手动操作。

三、风管系统安装

1. 施工现场图

风管系统安装现场如图12-7所示。

扫码看视频

风管支、吊架

安装

一般项目质量验收

当风管穿过需要封闭的防火、防爆的墙体或楼板时，必须设置厚度不小于1.6mm的钢制防护套管；风管与防护套管之间应采用不燃柔性材料封堵严密。

★检验方法：尺量、观察检查。

图12-7 风管系统安装现场

2. 重点项目质量验收

（1）风管系统支、吊架的安装应符合下列规定。

① 预埋件位置应正确、牢固可靠，埋入部分应去除油污，且不得涂漆。

② 风管系统支、吊架的形式和规格应按工程实际情况选用。

③ 风管直径大于2000mm或边长大于2500mm风管的支、吊架的安装要求，应按设计要求执行。

★检验方法：查看设计图、尺量、观察检查。

（2）风管安装必须符合下列规定。

① 风管内严禁其他管线穿越。

② 输送含有易燃、易爆气体或安装在易燃、易爆环境的风管系统必须设置可靠的防静电接地装置。

③ 输送含有易燃、易爆气体的风管系统通过生活区或其他辅助生产房间时不得设置接口。

④ 室外风管系统的拉索等金属固定件严禁与避雷针或避雷网连接。

★检验方法：尺量、观察检查。

（3）外表温度高于60℃，且位于人员易接触部位的风管，应采取防烫伤的措施。

★检验方法：观察检查。

（4）净化空调系统风管的安装应符合下列规定。

① 在安装前风管、静压箱及其他部件的内表面应擦拭干净，且应无油污和浮尘。当施工停顿或完毕时，端口应封堵。

② 法兰垫料应采用不产尘、不易老化，且具有强度和弹性的材料，厚度应为5～8mm，不得采用乳胶海绵。法兰垫片宜减少拼接，且不得采用直缝对接连接，不得在垫料表面涂刷涂料。

③ 风管穿过洁净室（区）吊顶、隔墙等围护结构时，应采取可靠的密封措施。

★检验方法：观察、用白绸布擦拭。

（5）集中式真空吸尘系统的安装应符合下列规定。

① 安装在洁净室（区）内真空吸尘系统所采用的材料应与所在洁净室（区）具有相容性。

② 真空吸尘系统的接口应牢固装设在墙或地板上，并应设有盖帽。

③ 真空吸尘系统弯管的曲率半径不应小于4倍管径，且不得采用褶皱弯管。

④ 真空吸尘系统三通的夹角不得大于45°，支管不得采用四通连接。

★检验方法：尺量、观察检查。

（6）风管部件的安装应符合下列规定。

① 风管部件及操作机构的安装应便于操作。

② 斜插板风阀安装时，阀板应顺气流方向插入；水平安装时，阀板应向上开启。

③ 止回阀、定风量阀的安装方向应正确。

④ 防爆波活门、防爆超压排气活门安装时，穿墙管的法兰和在轴线视线上的杠杆应铅垂，活门开启应朝向排气方向，在设计的超压下能自动启闭。关闭后，阀盘与密封圈贴合应严密。

⑤ 防火阀、排烟阀（口）的安装位置、方向应正确。位于防火分区隔墙两侧的防火阀，

距墙表面不应大于 200mm。

★检验方法：吊垂、手扳、尺量、观察检查。

（7）风口的安装位置应符合设计要求，风口或结构风口与风管的连接应严密牢固，不应存在可察觉的漏风点或部位，风口与装饰面贴合应紧密。X 射线发射房间的送、排风口应采取防止射线外泄的措施。

★检验方法：观察检查。

四、风机与空气处理设备安装

1. 施工现场图

风机安装施工现场如图 12-8 所示。

一般项目质量验收

　　通风机安装允许偏差应符合表12-15的规定，叶轮转子与机壳的组装位置应正确。叶轮进风口插入风机机壳进风口或密封圈的深度，应符合设备技术文件要求或应为叶轮直径的1/100。

　　★检验方法：尺量、观察或查阅施工记录。

图 12-8　风机安装施工现场

表 12-15　通风机安装允许偏差

项目		允许偏差	检验方法
中心线的平面位移/mm		10	经纬仪或拉线和尺量检查
标高/mm		±10	水准仪或水平仪、直尺、拉线和尺量检查
皮带轮轮宽中心平面偏移/mm		1	在主、从动皮带轮端面拉线和尺量检查
传动轴水平度/%		纵向 0.02 横向 0.03	在轴或皮带轮 0°和180°的两个位置上，用水平仪检查
联轴器	两轴芯径向位移/mm	0.05	采用百分表圆周法或塞尺四点法检查验证
	两轴线倾斜/%	0.02	

2. 重点项目质量验收

（1）风机及风机箱的安装应符合下列规定：

① 产品的性能、技术参数应符合设计要求，出口方向应正确；

② 叶轮旋转应平稳，每次停转后不应停留在同一位置上；

③ 固定设备的地脚螺栓应紧固，并应采取防松动措施；

④ 落地安装时，应按设计要求设置减振装置，并应采取防止设备水平位移的措施；

⑤ 悬挂安装时，吊架及减振装置应符合设计及产品技术文件的要求。

★检验方法：依据设计图纸核对，盘动，观察检查。

（2）通风机传动装置的外露部位以及直通大气的进、出风口，必须装设防护罩、防护网或采取其他安全防护措施。

★检验方法：依据设计图纸核对，观察检查。

（3）空气热回收装置的安装应符合下列规定：

① 产品的性能、技术参数等应符合设计要求；

② 热回收装置接管应正确，连接应可靠、严密；

③ 安装位置应预留设备检修空间。

★检验方法：依据设计图纸核对，观察检查。

（4）除尘器的安装应符合下列规定：

① 产品的性能、技术参数、进出口方向应符合设计要求；

② 现场组装的除尘器壳体应进行漏风量检测，在设计工作压力下允许漏风量应小于5%，其中离心式除尘器应小于3%；

③ 布袋除尘器、静电除尘器的壳体及辅助设备接地应可靠；

④ 湿式除尘器与淋洗塔外壳不应渗漏，内侧的水幕、水膜或泡沫层成形应稳定。

★检验方法：依据设计图纸核对，观察检查和查阅测试记录。

（5）风机过滤器单元的安装应符合下列规定：

① 安装前，应在清洁环境下进行外观检查，且不应有变形、锈蚀、漆膜脱落等现象；

② 安装位置、方向应正确，且应方便机组检修；

③ 安装框架应平整、光滑；

④ 风机过滤器单元与安装框架接合处应采取密封措施；

⑤ 应在风机过滤器单元进风口设置功能等同于高中效过滤器的预过滤装置后，进行试运行，且应无异常。

★检验方法：观察检查或查阅施工记录。

（6）静电式空气净化装置的金属外壳必须与PE线可靠连接。

★检验方法：核对材料、观察检查或电阻测定。

（7）电加热器的安装必须符合下列规定：

① 电加热器与钢构架间的绝热层必须采用不燃材料，外露的接线柱应加设安全防护罩；

② 电加热器的外露可导电部分必须与PE线可靠连接；

③ 连接电加热器的风管的法兰垫片，应采用耐热不燃材料。

★检验方法：核对材料、观察检查，查阅测试记录。

（8）过滤吸收器的安装方向应正确，并应设独立支架，与室外的连接管段不得有渗漏。

★检验方法：观察检查和查阅施工或检测记录。

（9）空气风幕机的安装应符合下列规定：

① 安装位置及方向应正确，固定应牢固可靠；

② 机组的纵向垂直度和横向水平度的允许偏差均应为0.2%；

③ 成排安装的机组应整齐，出风口平面允许偏差应为5mm。

★检验方法：尺量、观察检查。

（10）除尘器的安装还应符合下列规定：

① 除尘器的安装位置应正确，固定应牢固平稳，除尘器安装允许偏差和检验方法应符合表12-16的规定；

② 除尘器的活动或转动部件的动作应灵活、可靠，并应符合设计要求；

③ 除尘器的排灰阀、卸料阀、排泥阀的安装应严密，并应便于操作与维护修理。

★检验方法：尺量、观察检查及查阅施工记录。

表 12-16 除尘器安装允许偏差和检验方法

项目		允许偏差/mm	检验方法
平面位移		≤10	经纬仪或拉线、尺量检查
标高		±10	水准仪、直线和尺量检查
垂直度	每米	≤2	吊线和尺量检查
	总偏差	≤10	

（11）洁净室空气净化设备的安装应符合下列规定：

① 机械式余压阀安装时，阀体、阀板的转轴应水平，允许偏差应为 0.2%。余压阀的安装位置应在室内气流的下风侧，且不应在工作区高度范围内；

② 传递窗的安装应牢固、垂直，与墙体的连接处应密封。

★检验方法：尺量、观察检查。

（12）装配式洁净室的安装应符合下列规定。

① 洁净室的顶板和壁板（包括夹芯材料）应采用不燃材料。

② 洁净室的地面应干燥平整，平面度允许偏差应为 0.1%。

③ 壁板的构、配件和辅助材料应在清洁的室内进行开箱，安装前应严格检查规格和质量。壁板应垂直安装，底部宜采用圆弧或钝角交接；安装后的壁板之间、壁板与顶板间的拼缝应平整严密，墙板垂直度的允许偏差应为 0.2%，顶板水平度与每个单间的几何尺寸的允许偏差应为 0.2%。

★检验方法：尺量、观察检查及查阅施工记录。

（13）空气吹淋室的安装应符合下列规定：

① 空气吹淋室的安装应按工程设计要求，定位应正确；

② 外形尺寸应正确，结构部件应齐全、无变形，喷头不应有异常或松动等现象；

③ 空气吹淋室与地面之间应设有减振垫，与围护结构之间应采取密封措施；

④ 空气吹淋室的水平度允许偏差应为 0.2%；

⑤ 对产品进行不少于 1h 的连续试运转，设备连锁和运行性能应良好。

★检验方法：尺量、观察检查，查验产品合格证和进场验收记录。

第二节 空调工程

一、空调用冷（热）源与辅助设备安装

1. 施工现场图

空调机组安装施工现场如图 12-9 所示。

2. 重点项目质量验收

（1）制冷机组及附属设备的安装应符合下列规定：

① 制冷（热）设备、制冷附属设备产品性能和技术参数应符合设计要求，并应具有产品合格证书、产品性能检验报告；

② 设备的混凝土基础应进行质量交接验收，且应验收合格；

③ 设备安装的位置、标高和管口方向应符合设计要求。采用地脚螺栓固定的制冷设备或附属设备，垫铁的放置位置应正确，接触应紧密，每组垫铁不应超过 3 块；螺栓应紧固，

一般项目质量验收
  组装式的制冷机组和现场充注制冷剂的机组，应进行系统管路吹污、气密性试验、真空试验和充注制冷剂检漏试验，技术数据应符合产品技术文件和国家现行标准的有关规定。
  ★检验方法：旁站观察，查阅试验及试运行记录。

图 12-9 空调机组安装施工现场

并应采取防松动措施。

  ★检验方法：观察、核对设备型号、规格；查阅产品质量合格证书、性能检验报告和施工记录。

  （2）制冷剂管道系统应按设计要求或产品要求进行强度、气密性及真空试验，且应试验合格。

  ★检验方法：观察、旁站、查阅试验记录。

  （3）直接膨胀蒸发式冷却器的表面应保持清洁、完整，空气与制冷剂应呈逆向流动；冷却器四周的缝隙应堵严，冷凝水排放应畅通。

  ★检验方法：观察检查。

  （4）燃油管道系统必须设置可靠的防静电接地装置。

  ★检验方法：观察、查阅试验记录。

  （5）燃气管道的安装必须符合下列规定：

  ① 燃气系统管道与机组的连接不得使用非金属软管；

  ② 当燃气供气管道压力大于 5kPa 时，焊缝无损检测应按设计要求执行；当设计无规定时，应对全部焊缝进行无损检测并合格；

  ③ 燃气管道吹扫和压力试验的介质应采用空气或氮气，严禁采用水。

  ★检验方法：观察、查阅压力试验与无损检测报告。

  （6）蒸汽压缩式制冷系统管道、管件和阀门的安装应符合下列规定。

  ① 制冷系统的管道、管件和阀门的类别、材质、管径、壁厚及工作压力等应符合设计要求，并应具有产品合格证书、产品性能检验报告。

  ② 法兰、螺纹等处的密封材料应与管内的介质性能相适应。

  ③ 管道与机组连接应在管道吹扫、清洁合格后进行。与机组连接的管路上应按设计要求及产品技术文件的要求安装过滤器、阀门、部件、仪表等，位置应正确、排列应规整；管道应设独立的支吊架；压力表距阀门位置不宜小于 200mm。

  ④ 制冷设备与附属设备之间制冷剂管道的连接，制冷剂管道坡度、坡向应符合设计及设备技术文件的要求。当设计无要求时，应符合表 12-17 的规定。

  ⑤ 制冷系统投入运行前，应对安全阀进行调试校核，开启和回座压力应符合设备技术文件要求。

  ⑥ 系统多余的制冷剂不得向大气直接排放，应采用回收装置进行回收。

  ★检验方法：核查合格证明文件，观察、尺量，查阅测量、调试校核记录。

表 12-17 制冷剂管道坡度、坡向

管道名称	坡向	坡度/%
压缩机吸气水平管(氟)	压缩机	≥1.0
压缩机吸气水平管(氨)	蒸发器	≥0.3
压缩机排气水平管	油分离器	≥1.0
冷凝器水平供液管	贮液器	0.1~0.3
油分离器至冷凝器水平管	油分离器	0.3~0.5

(7) 多联机空调（热泵）系统的安装应符合下列规定：

① 多联机空调（热泵）系统室内机、室外机产品的性能、技术参数等应符合设计要求，并应具有出厂合格证、产品性能检验报告；

② 室内机、室外机的安装位置、高度应符合设计及产品技术的要求，固定应可靠。室外机的通风条件应良好；

③ 制冷剂应根据工程管路系统的实际情况，通过计算后进行充注；

④ 安装在户外的室外机组应可靠接地，并应采取防雷保护措施。

★检验方法：旁站、观察检查和查阅试验记录。

(8) 空气源热泵机组的安装应符合下列规定：

① 空气源热泵机组产品的性能、技术参数应符合设计要求，并应具有出厂合格证、产品性能检验报告；

② 机组应有可靠的接地和防雷措施，与基础间的减振应符合设计；

③ 机组的进水侧应安装水力开关，并应与制冷机的启动开关连锁。

★检验方法：旁站，观察和查阅产品性能检验报告。

(9) 吸收式制冷机组的安装应符合下列规定：

① 吸收式制冷机组的产品的性能、技术参数应符合设计要求；

② 吸收式机组安装后，设备内部应冲洗干净；

③ 机组的真空试验应合格；

④ 直燃型吸收式制冷机组排烟管的出口应设置防雨帽、防风罩和避雷针，燃油油箱上不得采用玻璃管式油位计。

★检验方法：旁站、观察、查阅产品性能检验报告和施工记录。

(10) 制冷（热）机组与附属设备的安装应符合下列规定：

① 设备与附属设备安装允许偏差和检验方法应符合表 12-18 的规定；

表 12-18 设备与附属设备安装允许偏差和检验方法

项目	允许偏差/mm	检验方法
平面位置	10	经纬仪或拉线或尺量检查
标高	±10	水准仪或经纬仪、拉线和尺量检查

② 整体组合式制冷机组机身纵、横向水平度的允许偏差应为 0.1%。当采用垫铁调整机组水平度时，应接触紧密并相对固定；

③ 附属设备的安装应符合设备技术文件的要求，水平度或垂直度允许偏差应为 0.1%；

④ 制冷设备或制冷附属设备基（机）座下减振器的安装位置应与设备重心相匹配，各个减振器的压缩量应均匀一致，且偏差不应大于 2mm；

⑤ 采用弹性减振器的制冷机组，应设置防止机组运行时水平位移的定位装置；

⑥ 冷热源与辅助设备的安装位置应满足设备操作及维修的空间要求，四周应有排水

设施。

★检验方法：水准仪、经纬仪、拉线和尺量检查，查阅安装记录。

（11）制冷剂管道、管件的安装应符合下列规定。

① 管道、管件的内外壁应清洁干燥，连接制冷机的吸、排气管道应设独立支架；管径小于或等于 40mm 的铜管道，在与阀门连接处应设置支架。水平管道支架的间距不应大于 1.5m，垂直管道不应大于 2.0m；管道上、下平行敷设时，吸气管应在下方。

② 制冷剂管道弯管的弯曲半径不应小于 3.5 倍管道直径，最大外径与最小外径之差不应大于 0.8％的管道直径，且不应使用焊接弯管及皱褶弯管。

③ 制冷剂管道的分支管，应按介质流向弯成 90°与主管连接，不宜使用弯曲半径小于 1.5 倍管道直径的压制弯管。

④ 铜管切口应平整，不得有毛刺、凹凸等缺陷，切口允许倾斜偏差应为管径的 1％；管扩口应保持同心，不得有开裂及皱褶，并应有良好的密封面。

⑤ 铜管采用承插钎焊焊接连接时，应符合表 12-19 的规定，承口应迎着介质流动方向。当采用套管钎焊焊接连接时，插接深度不应小于表 12-19 中最小承插连接的规定；当采用对接焊接时，管道内壁应齐平，错边量不应大于 1％壁厚，且不大于 1mm。

表 12-19 铜管承、插口深度   单位：mm

铜管规格	≤DN15	DN20	DN25	DN32	DN40	DN50	DN65
承口的扩口深度	9～12	12～15	15～18	17～20	21～24	24～26	26～30
最小插入深度	7	9	10	12	13	14	
间隙尺寸	0.05～0.27			0.05～0.35			

二、空调水系统管道与设备安装

扫码看视频

空调设备安装

1. 施工现场图

空调水系统管道安装施工现场如图 12-10 所示。

一般项目质量验收

    风机盘管机组及其他空调设备与管道的连接，应采用耐压值大于或等于1.5倍工作压力的金属或非金属柔性接管，连接应牢固，不应有强扭和瘪管。冷凝水排水管的坡度应符合设计要求。当设计无要求时，管道坡度宜大于或等于0.8％，且应坡向出水口。设备与排水管的连接应采用软接，并应保持畅通。

★检验方法：观察、查阅产品合格证明文件。

图 12-10 空调水系统管道安装施工

2. 重点项目质量验收

（1）空调水系统设备与附属设备的性能、技术参数，管道、管配件及阀门的类型、材质及连接形式应符合设计要求。

★检验方法：观察检查、查阅产品质量证明文件和材料进场验收记录。

（2）管道的安装应符合下列规定。

① 隐蔽安装部位的管道安装完成后，应进行水压试验，合格后方能交付隐蔽工程的施工。

② 并联水泵的出口管道进入总管应采用顺水流斜向插接的连接形式，夹角不应大于60°。

③ 系统管道与设备的连接应在设备安装完毕后进行。管道与水泵、制冷机组的接口应为柔性接管，且不得强行对口连接。与其连接的管道应设置独立支架。

④ 判定空调水系统管路冲洗、排污合格的条件是目测排出口的水色和透明度与入口的水对比应相近，且无可见杂物。当系统继续运行2h以上，水质保持稳定后，方可与设备相贯通。

⑤ 固定在建筑结构上的管道支、吊架，不得影响结构体的安全。管道穿越墙体或楼板处应设钢制套管，管道接口不得置于套管内，钢制套管应与墙体饰面或楼板底部平齐，上部应高出楼层地面20~50mm，且不得将套管作为管道支撑。当穿越防火分区时，应采用不燃材料进行防火封堵；保温管道与套管四周的缝隙应使用不燃绝热材料填塞紧密。

★检验方法：尺量、观察检查，旁站或查阅试验记录。

（3）管道系统安装完毕，外观检查合格后，应按设计要求进行水压试验。当设计无要求时，应符合下列规定。

① 冷（热）水、冷却水与蓄能（冷、热）系统的试验压力，当工作压力小于或等于1.0MPa时，应为1.5倍工作压力，最低不应小于0.6MPa；当工作压力大于1.0MPa时，应为工作压力加0.5MPa。

② 系统最低点压力升至试验压力后，应稳压10min，压力下降不应得大于0.02MPa，然后应将系统压力降至工作压力，外观检查无渗漏为合格。对于大型、高层建筑等垂直位差较大的冷（热）水、冷却水管道系统，当采用分区、分层试压时，在该部位的试验压力下，应稳压10min，压力不得下降，再将系统压力降至该部位的工作压力，在60min内压力不得下降、外观检查无渗漏为合格。

③ 各类耐压塑料管的强度试验压力（冷水）应为1.5倍工作压力，且不应小于0.9MPa；严密性试验压力应为1.15倍的设计工作压力。

④ 凝结水系统采用通水试验，应以不渗漏、排水畅通为合格。

★检验方法：旁站观察或查阅试验记录。

（4）阀门的安装应符合下列规定。

① 阀门安装前应进行外观检查，阀门的铭牌应符合现行国家标准的有关规定。工作压力大于1.0MPa及在主干管上起到切断作用和系统冷、热水运行转换调节功能的阀门和止回阀，应进行壳体强度和阀瓣密封性能的试验，且应试验合格。其他阀门可不单独进行试验。壳体强度试验压力应为常温条件下公称压力的1.5倍，持续时间不应少于5min，阀门的壳体、填料应无渗漏。严密性试验压力应为公称压力的1.1倍，在试验持续的时间内应保持压力不变，阀门压力试验持续时间与允许泄漏量应符合表12-20的规定。

② 阀门的安装位置、高度、进出口方向应符合设计要求，连接应牢固紧密。

③ 安装在保温管道上的手动阀门的手柄不得朝向下。

④ 动态与静态平衡阀的工作压力应符合系统设计要求，安装方向应正确。阀门在系统运行时，应按参数设计要求进行校核、调整。

表 12-20 阀门压力试验持续时间与允许泄漏量

公称直径 DN/mm	最短试验持续时间/s	
	严密性试验（水）	
	止回阀	其他阀门
≤50	60	15
65～150	60	60
200～300	60	120
≥350	120	120
允许泄漏量	3 滴×（公称直径/25）/min	小于 DN65 为 0 滴，其他为 2 滴×（公称直径/25）/min

⑤ 电动阀门的执行机构应能全程控制阀门的开启与关闭。

★检验方法：按设计图核对、观察检查；旁站或查阅试验记录。

（5）补偿器的安装应符合下列规定：

① 补偿器的补偿量和安装位置应符合设计文件的要求，并应根据设计计算的补偿量进行预拉伸或预压缩；

② 波纹管膨胀节或补偿器内套有焊缝的一端，水平管路上应安装在水流的流入端，垂直管路上应安装在上端；

③ 填料式补偿器应与管道保持同心，不得歪斜；

④ 补偿器一端的管道应设置固定支架，结构形式和固定位置应符合设计要求，并应在补偿器的预拉伸（或预压缩）前固定；

⑤ 滑动导向支架设置的位置应符合设计与产品技术文件的要求，管道滑动轴心应与补偿器轴心相一致；

★检验方法：观察检查，旁站或查阅补偿器的预拉伸或预压缩记录。

（6）水泵、冷却塔（图 12-11）的技术参数和产品性能应符合设计要求，管道与水泵的连接应采用柔性接管，且应为无应力状态，不得有强行扭曲、强制拉伸等现象。

★检验方法：按图核对、观察、实测或查阅水泵试运行记录。

图 12-11 冷却塔安装施工现场

（7）水箱、集水器、分水器与储水罐的水压试验或满水试验应符合设计要求，内外壁防腐涂层的材质、涂抹质量、厚度应符合设计或产品技术文件的要求。

★检验方法：尺量、观察检查，查阅试验记录。

（8）蓄能系统设备的安装应符合下列规定：

① 蓄能设备的技术参数应符合设计要求，并应具有出厂合格证、产品性能检验报告；

② 蓄冷（热）装置与热能塔等设备安装完毕后应进行水压和严密性试验，且应试验

合格；

③ 储槽、储罐与底座应进行绝热处理，并应连续均匀地放置在水平平台上，不得采用局部垫铁方法校正装置的水平度；

④ 输送乙烯乙二醇溶液的管路不得采用内壁镀锌的管材和配件；

⑤ 封闭容器或管路系统中的安全阀应按设计要求设置，并应在设定压力情况下开启灵活，系统中的膨胀罐应工作正常。

★检验方法：旁站、观察检查和查阅产品与试验记录。

（9）金属管道与设备的现场焊接应符合下列规定。

① 管道焊接材料的品种、规格、性能应符合设计要求。对口平直度的允许偏差应为 1%，全长不应大于 $10mm$。管道与设备的固定焊口应远离设备，且不宜与设备接口中心线相重合。管道的对接焊缝与支、吊架的距离应大于 $50mm$。

② 管道现场焊接后，焊缝表面应清理干净，并应进行外观质量检查。焊缝外观质量应符合下列规定：

a. 管道焊缝外观质量允许偏差应符合表 12-21 的规定；

表 12-21　管道焊缝外观质量允许偏差

类别	质量要求
焊缝	不允许有裂缝、未焊透、未熔合、表面气孔、外露夹渣、未焊满等现象
咬边	纵缝不允许咬边；其他焊缝深度≤0.10T（T 为板厚），且≤1.0mm，长度不限
根部收缩（根部凹陷）	深度≤0.20+0.04T，且≤2.0mm，长度不限
角焊缝厚度不足	应≤0.30+0.05T，且≤2.0mm；每 100mm 焊缝长度内缺陷总长度≤25mm
角焊缝焊脚不对称	差值≤2+0.20t（t 为设计焊缝厚度）

b. 管道焊缝余高和根部凸出允许偏差应符合表 12-22 的规定。

表 12-22　管道焊缝余高和根部凸出允许偏差　　　　单位：mm

母材厚度 T	≤6	>6,≤13	>13,≤50
余高和根部凸出	≤2	≤4	≤5

③ 设备现场焊缝外部质量应符合下列规定：

a. 设备焊缝外观质量允许偏差应符合表 12-23 的规定；

表 12-23　设备焊缝外观质量允许偏差

类别	质量要求
焊缝	不允许有裂缝、未焊透、未熔合、表面气孔、外露夹渣、未焊满等现象
咬边	深度≤0.10T（T 为板厚），且≤1.0mm，长度不限
根部收缩（根部凹陷）	深度≤0.2+0.02T，且≤1.0mm，长度不限
角焊缝厚度不足	应≤0.3+0.05T，且≤2.0mm；每 100mm 焊缝长度内缺陷总长度≤25mm
角焊缝焊脚不对称	差值≤2+0.20t（t 为设计焊缝厚度）

b. 设备焊缝余高和根部凸出允许偏差应符合表 12-24 的规定。

表 12-24　设备焊缝余高和根部凸出允许偏差　　　　单位：mm

母材厚度 T	≤6	>6,≤25	>25
余高和根部凸出	≤2	≤4	≤5

★检验方法：焊缝检查尺尺量、观察检查。

（10）钢制管道的安装应符合下列规定。

① 管道和管件安装前，应将其内、外壁的污物和锈蚀清除干净。管道安装后应保持管

内清洁。

② 热弯时，弯制弯管的弯曲半径不应小于管道外径的 3.5 倍；冷弯时，不应小于管道外径的 4 倍。焊接弯管不应小于管道外径的 1.5 倍；冲压弯管不应小于管道外径的 1 倍。弯管的最大外径与最小外径之差，不应大于管道外径的 8%，管壁减薄率不应大于 15%。

③ 冷（热）水管道与支、吊架之间，应设置衬垫。衬垫的承压强度应满足管道全重，且应采用不燃与难燃硬质绝热材料或经防腐处理的木衬垫。衬垫的厚度不应小于绝热层厚度，宽度应大于等于支、吊架支承面的宽度。衬垫的表面应平整、上下两衬垫接合面的空隙应填实。

④ 管道安装允许偏差和检验方法应符合表 12-25 的规定。安装在吊顶内等暗装区域的管道，位置应正确，且不应有侵占其他管线安装位置的现象。

表 12-25 管道安装允许偏差和检验方法

项目			允许偏差/mm	检查方法
坐标	架空及地沟	室外	25	按系统检查管道的起点、终点、分支点和变向点及各点之间的直管； 用经纬仪、水准仪、液体连通器、水平仪、拉线和尺量检查
		室内	15	
	埋地		60	
标高	架空及地沟	室外	±20	
		室内	±15	
	埋地		±25	
水平管道平直度	公称直径 ≤100mm		0.2%L，最大 40	用直尺、拉线和尺量检查
	公称直径 >100mm		0.3%L，最大 60	
立管垂直度			0.5%L，最大 25	用直尺、线锤、拉线和尺量检查
成排管段间距			15	用直尺尺量检查
成排管段或成排阀门在同一平面上			3	用直尺、拉线和尺量检查
交叉管的外壁或绝热层的最小间距			20	用直尺、拉线和尺量检查

注：L 为管道的有效长度（mm）。

★检验方法：尺量、观察检查。

（11）沟槽式连接管道的沟槽与橡胶密封圈和卡箍套应为配套，沟槽及支、吊架的间距应符合表 12-26 的规定。

表 12-26 沟槽式连接管道的沟槽及支、吊架的间距

公称直径/mm	沟槽		端面垂直度 允许偏差/mm	支、吊架的间距 /m
	深度/mm	允许偏差/mm		
65~100	2.20	0~0.3	1.0	3.5
125~150	2.20	0~0.3		4.2
200	2.50	0~0.3	1.5	4.2
225~250	2.50	0~0.3		5.0
300	3.0	0~0.5		5.0

★检验方法：尺量、观察检查、查阅产品合格证明文件。

（12）金属管道的支、吊架的形式、位置、间距、标高应符合设计要求。当设计无要求时，应符合下列规定。

① 支、吊架的安装应平整牢固，与管道接触应紧密，管道与设备连接处应设置独立支、吊架。当设备安装在减振基座上时，独立支架的固定点应为减振基座。

② 冷（热）媒水、冷却水系统管道机房内总、干管的支、吊架，应采用承重防晃管架，与设备连接的管道管架宜采取减振措施。当水平支管的管架采用单杆吊架时，应在系统管道

的起始点、阀门、三通、弯头处及长度每隔 15m 处设置承重防晃支、吊架。

③ 无热位移的管道吊架的吊杆应垂直安装，有热位移的管道吊架的吊杆应向热膨胀（或冷收缩）的反方向偏移安装。偏移量应按计算位移量确定。

④ 滑动支架的滑动面应清洁平整，安装位置应满足管道要求，支承面中心应向反方向偏移 1/2 位移量或符合设计文件要求。

⑤ 竖井内的立管应每两层或三层设置滑动支架。建筑结构负重允许时，水平安装管道支、吊架的最大间距应符合表 12-27 的规定，弯管或近处应设置支、吊架。

表 12-27　水平安装管道支、吊架的最大间距

公称直径/mm		15	20	25	32	40	50	70	80	100	125	150	200	250	300
支架的最大间距/m	L_1	1.5	2.0	2.5	2.5	3.0	3.5	4.0	5.0	5.0	5.5	6.5	7.5	8.5	9.5
	L_2	2.5	3.0	3.5	4.0	4.5	5.0	6.0	6.5	6.5	7.5	7.5	9.0	9.5	10.5

注：表中 L_1 用于保温管道，L_2 用于不保温管道。

★检验方法：尺量、观察检查。

（13）采用聚丙烯（PP-R）管道时，管道与金属支、吊架之间应采取隔绝措施，不宜直接接触，支、吊架的间距应符合设计要求。当设计无要求时，聚丙烯（PP-R）冷水管支、吊架的间距应符合表 12-28 的规定，使用温度大于或等于 60℃热水管道应加宽支承面。

表 12-28　聚丙烯（PP-R）冷水管支、吊架的间距　　　　单位：mm

公称外径 d_n	20	25	32	40	50	63	75	90	110
水平安装	600	700	800	900	1000	1100	1200	1350	1550
垂直安装	900	1000	1100	1300	1600	1800	2000	2200	2400

★检验方法：观察检查。

第三节　防腐、绝热与系统调试

扫码看视频

风管绝热保温

一、防腐与绝热

1. 施工现场图

风管绝热保温施工现场如图 12-12 所示。

一般项目质量验收

管道采用玻璃棉或岩棉管壳保温时，管壳规格与管道外径应相匹配，管壳的纵向接缝应错开，管壳应采用金属丝、黏结带等捆扎，间距应为 300～350mm，且每节至少应捆扎两道。

★检验方法：观察检查。

图 12-12　风管绝热保温施工现场

2. 重点项目质量验收

（1）风管和管道的绝热层、绝热防潮层和保护层，应采用不燃或难燃材料，材质、密度、规格与厚度应符合设计要求。

★检验方法：查对施工图纸、合格证和做燃烧试验。

（2）洁净室（区）内的风管和管道的绝热层，不应采用易产尘的玻璃纤维和短纤维矿棉等材料。

★检验方法：观察检查。

（3）防腐涂料的涂层应均匀，不应有堆积、漏涂、皱纹、气泡、掺杂及混色等缺陷。

★检验方法：按面积或件数抽查，观察检查。

（4）设备、部件、阀门的绝热和防腐涂层，不得遮盖铭牌标志和影响部件、阀门的操作功能；经常操作的部位应采用能单独拆卸的绝热结构。

★检验方法：观察检查。

（5）绝热层应满铺，表面应平整，不应有裂缝、空隙等缺陷。当采用卷材或板材时，允许偏差应为 5mm；当采用涂抹或其他方式时，允许偏差应为 10mm。

★检验方法：观察检查。

（6）风管绝热材料采用保温钉固定时，应符合下列规定：

① 保温钉与风管、部件及设备表面的连接，应采用黏结或焊接，结合应牢固，不应脱落；不得采用抽芯铆钉或自攻螺钉等破坏风管严密性的固定方法；

② 矩形风管及设备表面的保温钉应均布，风管保温钉数量应符合表 12-29 的规定。首行保温钉距绝热材料边沿的距离应小于 120mm，保温钉的固定压片应松紧适度、均匀压紧；

表 12-29　风管保温钉数量　　　　　　　　　　　　　单位：个/m²

隔热层材料	风管底面	侧面	顶面
铝箔岩棉保温板	≥20	≥16	≥10
铝箔玻璃棉保温板（毡）	≥16	≥10	≥8

③ 绝热材料纵向接缝不宜设在风管底面。

★检验方法：观察检查。

（7）风管及管道的绝热防潮层（包括绝热层的端部）应完整，并应封闭良好。立管的防潮层环向搭接缝口应顺水流方向设置；水平管的纵向缝应位于管道的侧面，并应顺水流方向设置；带有防潮层绝热材料的拼接缝应采用粘胶带封严，缝两侧粘胶带黏结的宽度不应小于 20mm。胶带应牢固地粘贴在防潮层面上，不得有胀裂和脱落。

★检验方法：尺量和观察检查。

（8）绝热涂抹材料作绝热层时，应分层涂抹，厚度应均匀，不得有气泡和漏涂等缺陷，表面固化层应光滑牢固，不应有缝隙。

★检验方法：观察检查。

（9）金属保护壳的施工应符合下列规定。

① 金属保护壳板材的连接应牢固严密，外表应整齐平整。

② 圆形保护壳应贴紧绝热层，不得有脱壳、褶皱、强行接口等现象。接口搭接应顺水流方向设置，并应有凸筋加强，搭接尺寸应为 20～25mm。采用自攻螺钉紧固时，螺钉间距应匀称，且不得刺破防潮层。

③ 矩形保护壳表面应平整，棱角应规则，圆弧应均匀，底部与顶部不得有明显的凸肚及凹陷。

④ 户外金属保护壳的纵、横向接缝应顺水流方向设置，纵向接缝应设在侧面。保护壳与外墙面或屋顶的交接处应设泛水，且不应渗漏。

★检验方法：尺量和观察检查。

二、系统调试

1. 施工现场图

空调系统调试操作如图 12-13 所示。

一般项目质量验收
　　通风与空调工程通过系统调试后，监控设备与系统中的检测元件和执行机构应正常沟通，应正确显示系统运行的状态，并应完成设备的连锁、自动调节和保护等功能。
　　★检验方法：旁站观察，查阅调试记录。

图 12-13　空调系统调试操作

2. 重点项目质量验收

（1）通风与空调工程安装完毕后应进行系统调试。系统调试应包括下列内容：

① 设备单机试运转及调试；

② 系统非设计满负荷条件下的联合试运转及调试。

★检验方法：观察、旁站、查阅调试记录。

（2）设备单机试运转及调试应符合下列规定。

① 通风机、空气处理机组中的风机，叶轮旋转方向应正确、运转应平稳、应无异常振动与声响，电机运行功率应符合设备技术文件要求。在额定转速下连续运转 2h 后，滑动轴承外壳最高温度不得大于 70℃，滚动轴承不得大于 80℃。

② 水泵叶轮旋转方向应正确，应无异常振动和声响，紧固连接部位应无松动，电机运行功率应符合设备技术文件要求。水泵连续运转 2h 滑动轴承外壳最高温度不得超过 70℃，滚动轴承不得超过 75℃。

③ 冷却塔风机与冷却水系统循环试运行不应小于 2h，运行应无异常。冷却塔本体应稳固、无异常振动。

④ 制冷机组的试运转除应符合设备技术文件和现行国家标准《制冷设备、空气分离设备安装工程施工及验收规范》（GB 50274—2010）的有关规定外，还应符合下列规定：

a. 机组运转应平稳、应无异常振动与声响；

b. 各连接和密封部位不应有松动、漏气、漏油等现象；

c. 吸、排气的压力和温度应在正常工作范围内；

d. 能量调节装置及各保护继电器、安全装置的动作应正确、灵敏、可靠；

e. 正常运转不应少于 8h。

⑤ 多联式空调（热泵）机组系统应在充灌定量制冷剂后，进行系统的试运转，并应符合下列规定：

a. 系统应能正常输出冷风或热风，在常温条件下可进行冷热的切换与调控；

b. 室内机的试运转不应有异常振动与声响，百叶板动作应正常，不应有渗漏水现象，运行噪声应符合设备技术文件要求；

c. 具有可同时供冷、热的系统，应在满足当季工况运行条件下，实现局部内机反向工况的运行。

⑥ 电动调节阀、电动防火阀、防排烟风阀（口）的手动、电动操作应灵活可靠，信号输出应正确。

⑦ 变风量末端装置单机试运转及调试应符合下列规定：

a. 控制单元单体供电测试过程中，信号及反馈应正确，不应有故障显示；

b. 启动送风系统，按控制模式进行模拟测试，装置的一次风阀动作应灵敏可靠；

c. 带风机的变风量末端装置，风机应能根据信号要求运转，叶轮旋转方向应正确，运转应平稳，不应有异常振动与声响；

d. 带再热的末端装置应能根据室内温度实现自动开启与关闭。

★检验方法：调整控制模式，旁站、观察、查阅调试记录。

（3）系统非设计满负荷条件下的联合试运转及调试应符合下列规定。

① 系统总风量调试结果与设计风量的允许偏差应为 $-5\%\sim+10\%$，建筑内各区域的压差应符合设计要求。

② 变风量空调系统联合调试应符合下列规定：

a. 系统空气处理机组应在设计参数范围内对风机实现变频调速；

b. 空气处理机组在设计机外余压条件下，系统总风量应满足规定①的要求，新风量的允许偏差应为 $0\sim+10\%$；

c. 变风量末端装置的最大风量调试结果与设计风量的允许偏差应为 $0\sim+15\%$；

d. 改变各空调区域运行工况或室内温度设定参数时，该区域变风量末端装置的风阀（风机）动作（运行）应正确；

e. 改变室内温度设定参数或关闭部分房间空调末端装置时，空气处理机组应自动正确地改变风量；

f. 应正确显示系统的状态参数。

③ 空调冷（热）水系统、冷却水系统的总流量与设计流量的偏差不应大于 10%。

④ 制冷（热泵）机组进出口处的水温应符合设计要求。

⑤ 地源（水源）热泵换热器的水温与流量应符合设计要求。

⑥ 舒适空调与恒温、恒湿空调室内的空气温度、相对湿度及波动范围应符合或优于设计要求。

★检验方法：调整控制模式，旁站、观察、查阅调试记录。

（4）防排烟系统联合试运行与调试后的结果，应符合设计要求及国家现行标准的有关规定。

★检验方法：观察、旁站、查阅调试记录。

（5）蓄能空调系统的联合试运转及调试应符合下列规定：

① 系统中载冷剂的种类及浓度应符合设计要求；

② 在各种运行模式下系统运行应正常平稳；运行模式转换时，动作应灵敏正确；

③ 系统各项保护措施反应应灵敏，动作应可靠；

④ 蓄能系统在设计最大负荷工况下运行应正常；

⑤ 系统正常运转不应少于一个完整的蓄冷-释冷周期。

★检验方法：观察、旁站、查阅调试记录。

（6）空调制冷系统、空调水系统与空调风系统的非设计满负荷条件下的联合试运转及调试，正常运转不应少于 8h，除尘系统不应少于 2h。

★检验方法：观察、旁站、查阅调试记录。

参 考 文 献

[1]　GB 50300—2013，建筑工程施工质量验收统一标准［S］.

[2]　GB 50202—2018，建筑地基基础工程施工质量验收标准［S］.

[3]　GB 50203—2011，砌体结构工程施工质量验收规范［S］.

[4]　GB 50204—2015，混凝土结构工程施工质量验收规范［S］.

[5]　GB 50207—2012，屋面工程质量验收规范［S］.

[6]　GB 50208—2011，地下防水工程质量验收规范［S］.

[7]　北京建工集团有限责任公司. 建筑分项工程施工工艺标准（上、下册）［M］. 3 版. 北京：中国建筑工业出版社，2008.

[8]　GB/T 50106—2010，建筑给水排水制图标准［S］.

[9]　GB 50231—2009，机械设备安装工程施工及验收通用规范［S］.

[10]　GB 50268—2008，给水排水管道工程施工及验收规范［S］.

[11]　GB/T 3091—2015，低压流体输送用焊接钢管［S］.

[12]　GB 5749—2006，生活饮用水卫生标准［S］.

[13]　GB 50242—2002，建筑给水排水及采暖工程施工质量验收规范［S］.

[14]　GB 51348—2019，民用建筑电气设计规范［S］.

[15]　GB 50303—2015，建筑电气工程施工质量验收规范［S］.

[16]　GB 50034—2013，建筑照明设计标准［S］.

[17]　19DX101-1 建筑电气常用数据［S］.